地面气象观测业务指导手册

郭凤娟　孙志于　主编

气象出版社
China Meteorological Press

U0883233

内容简介

本书介绍了地面气象观测站分类、业务准入退出与质量考核、业务制度，元数据、站网、探测环境管理规范；详细阐述了观测数据获取与传输流程、数据质量控制及疑误数据处理方法、各类观测设备维护维修经验总结、计量检定、不同类型自动站设备故障典型案例分析，并增加了智能气象观测设备方面的介绍及故障处理等内容。手册结合实际业务发展需求，依据“兼顾历史、立足当下、面向未来”的原则编写而成，对新疆县级地面气象观测业务具有较强的指导性，适合地面气象观测业务人员阅读参考。

图书在版编目（CIP）数据

地面气象观测业务指导手册 / 郭凤娟，孙志于主编.
北京 ： 气象出版社，2024. 9. -- ISBN 978-7-5029
-8291-1

Ⅰ. P412.1-62

中国国家版本馆 CIP 数据核字第 2024Y4E178 号

地面气象观测业务指导手册

Dimian Qixiang Guance Yewu Zhidao Shouce

出版发行：气象出版社
地　　址：北京市海淀区中关村南大街 46 号　　**邮政编码**：100081
电　　话：010-68407112(总编室)　010-68408042(发行部)
网　　址：http://www.qxcbs.com　　**E-mail**：qxcbs@cma.gov.cn
责任编辑：胡育峰　宋　祎　　**终　　审**：张　斌
责任校对：张硕杰　　**责任技编**：赵相宁
封面设计：艺点设计
印　　刷：北京中石油彩色印刷有限责任公司
开　　本：787 mm×1092 mm　1/16　　**印　　张**：8.75
字　　数：224 千字
版　　次：2024 年 9 月第 1 版　　**印　　次**：2024 年 9 月第 1 次印刷
定　　价：50.00 元

本书如存在文字不清、漏印以及缺页、倒页、脱页等，请与本社发行部联系调换

“新疆县级综合气象观测业务指导丛书”
总编委会

主　编：崔彩霞　谢国辉

副主编：吕　鸣　孙志于　郭凤娟　秦荣茂　向　导
　　　　蔡震坤　武鹏飞

委　员：杨明凤　陈　禹　王智敏　苏朝丞　昝永黎
　　　　彭　坚　贾木辛　刘　叶　马旭斌　解　帅
　　　　唐斌智　普宗朝　张　鑫　焦春霞　马天光
　　　　李佳林　于志翔　卓芝正　郝亚明　郝宏飞
　　　　宋水华　杜　峰　张叶杰　孔　婷　申晓芳
　　　　麻雪亮　斯兰芬　吴一虹　殷子月　王定定
　　　　刘　珍　李唐孟卓　谭　月　熊　麟　邓凌峰
　　　　耿利鸣　宁金鸽　王延慧

《地面气象观测业务指导手册》编委会

主　编：郭凤娟　孙志于

副主编：蔡震坤　向　导

委　员：刘　叶　焦春霞　张　鑫　解　帅　郝亚明
陈　禹　苏朝丞　张叶杰　孔　婷　申晓芳
熊　麟　范立清　李海亮　任　杰

丛书序

新疆维吾尔自治区(简称新疆)位于欧亚大陆腹地、祖国西北边陲,面积 166.49 万 km^2,占中国国土总面积的六分之一,是中国气象事业和世界天气监测网的重要组成部分。新疆自然地貌独特,境内山脉、盆地相间,地势高差悬殊;冰山、沙漠、草原、河流错落,自然环境迥异,是气象灾害及其次生灾害的频发、重发区,也是我国主要天气系统的上游区。因此,做好新疆气象工作对新疆乃至全国的经济社会发展、防灾减灾、生态环境建设等都具有十分重要的意义。

近年来,在中国气象局的大力支持下,新疆气象部门建成了自动观测站 3000 余个、天气雷达 42 部,进一步完善了卫星、垂直探测、大气成分等新型观测设备站网布局,提高了观测自动化和智能化水平,陆空天一体化协同高效的精密监测系统已初步形成。为提升新疆综合气象观测业务质量,充分发挥新型观测装备效益,新疆维吾尔自治区气象局深入贯彻落实习近平总书记关于气象工作重要指示精神,以《气象高质量发展纲要(2022—2035 年)》为行动指南,聚焦精密监测,加快推进气象科技能力现代化和社会服务现代化,重点围绕业务、技术和县级综合气象业务人员队伍建设等,研讨发展思路和创新经验做法,组织编写了"新疆县级综合气象观测业务指导丛书"(以下简称丛书),对新疆气象综合观测业务系统进行了一次全面梳理。丛书在结合国内外先进气象观测技术和经验的基础上,充分考虑了新疆综合气象观测业务特点和实际需求,通过大量典型案例分析,帮助一线业务人员更好更快地理解业务知识,掌握操作技能,解决日常业务工作中遇到的问题。丛书内容丰富、条理清晰、实用性强,对新疆综合观测业务具有很强的指导意义和参考价值。

"新疆县级综合气象观测业务指导丛书"是新疆全体综合气象观测工作人员智慧与汗水的结晶,凝聚了众多综合气象观测领域一线业务骨干和技术专家的心血。衷心希望丛书能帮助广大一线综合气象观测业务人员和科研人员提高业务水平与科研能力,为提升新疆综合气象观测业务质量,培养一线观测人才发挥积极作用。

新疆维吾尔自治区气象局党组副书记、局长 崔彩霞

2024 年 8 月

丛书前言

气象监测系统是气象工作的基础，是气象事业的立业之基、立足之本，是预报精准、服务精细的支柱，是气象防灾减灾第一道防线的前哨。为贯彻落实《气象高质量发展纲要（2022—2035年）》，推进气象科技能力现代化和社会服务现代化，新疆维吾尔自治区气象局全力提升综合气象观测能力和水平，初步形成以国家天气、气候及气候变化、专业气象和空间气象观测网为基础的陆空天一体化协同高效的精密监测系统。面对新型气象业务技术体制改革的新形势，新疆维吾尔自治区气象局组织区、地、县三级业务技术骨干精心编写“新疆县级综合气象观测业务指导丛书”（以下简称丛书）。丛书旨在全力保障综合气象观测业务长期稳定运行，推动新疆维吾尔自治区综合气象观测高质量发展。

丛书由地面气象观测、高空气象观测、天气雷达与气象卫星观测、大气成分观测、农业气象观测5册组成，内容涵盖新疆综合气象观测业务各个方面。《地面气象观测业务指导手册》介绍了地面气象观测中的新设备、新技术、新平台的原理、结构、应用和工作流程；增加新型、智能自动气象观测设备的维护维修、故障处理与典型案例分析等内容。《高空气象观测业务指导手册》介绍了常规高空气象探测、卫星导航观测系统和地基遥感垂直观测系统的“硬件＋软件”组成结构、工作原理、数据传输流程和故障诊断等内容。《天气雷达与气象卫星观测业务指导手册》详细阐述了新疆天气雷达与气象卫星观测业务概况、设备组成、观测流程、质量控制等内容。《大气成分观测业务指导手册》分大气本底观测业务与酸雨观测业务两部分，介绍了大气本底观测项目、业务范围、值班流程及注意事项，着重分析了自动酸雨观测系统原理、设备维护与维修典型案例等内容。《农业气象观测业务指导手册》从棉花、玉米、小麦、自然物候、畜牧几个方面介绍了各类物种的观测方法、流程以及记录方法，各类农业及相关观测项目的应用软件、报表制作、应急处置等内容。

丛书密切联系新疆综合气象观测业务运行实际，充分考虑新疆综合气象观测发展趋势和发展需求。丛书内容全面系统，凝聚了各方面的辛勤付出和智慧奉献。由于编者水平有限，书中不足之处，欢迎广大读者批评指正。

作者

2024年8月

前　言

随着地面气象观测自动化、智能化的发展，气象观测方式也发生着变化，由单一气象观测向综合气象观测转变，由人工观测向自动气象观测转变。许多新方法、新技术在地面气象观测业务中得到广泛应用，现有观测规定及规范从内容完整性、业务指导性、技术适应性等方面已不能满足县级地面气象观测的发展要求。地面气象观测的重心逐步向数据质量控制、人工应急观测、气象观测设备维护、维修及核查标校等方向转变。地面气象观测业务日益集约化的发展对县级综合气象观测员的业务水平提出更高要求，由于台站气象队伍日益年轻化，气象观测经验不足，又缺乏综合性的学习资料，因此亟须系统梳理适用于新疆地面气象观测业务实际的业务流程，并结合气象观测员多年的宝贵经验，使地面观测业务流程规范化、程序化。为此，手册编写组根据地面气象观测的发展需求，坚持“兼顾历史、立足当下、面向未来”的编写原则，广泛收集整理资料、反复论证修改、多方征求意见，完成了《地面气象观测业务指导手册》的编写。

《地面气象观测业务指导手册》分别介绍了地面气象观测站站网管理、业务准入和退出、质量考核、各类业务软件应用、运行监控等方面内容，规范了业务制度、元数据、站网、探测环境管理，并详细阐述了观测数据获取与传输流程、数据质量控制及疑误数据处理方法、各类观测设备维护维修经验总结、计量检定、不同类型自动站设备故障典型案例分析，并增加了智能气象观测设备方面的介绍及故障处理等内容。

《地面气象观测业务指导手册》由新疆维吾尔自治区气象局观测与网络处组织新疆维吾尔自治区气象技术装备保障中心牵头编写，在编写过程中还得到了新疆维吾尔自治区气象局、各地（州、市）气象局和装备生产厂家的大力支持，在此表示感谢。

由于时间仓促且编写人员水平有限，随着地面观测自动化、智能化进程的持续深入，在《地面气象观测业务指导手册》执行过程中难免有不妥之处，敬请有关专家及读者提出宝贵意见和建议。

作者

2024 年 7 月

目 录

第1章　地面气象观测概述

气象观测是气象业务工作的基础。地面气象观测是气象观测的重要组成部分，它是对地球表面一定范围内的气象状况及其变化过程进行系统地、连续地观察和测定，为天气预报、气象情报、气候分析、科学研究和气象服务提供重要的依据。国家地面气象观测网是国家天气观测网的重要组成部分。新疆维吾尔自治区共有105个国家级台站（包括26个国家基准气候站、76个国家基本气象站、3个国家气象观测站），1个国家大气本底站（阿克达拉），4个国家无人自动气候站，若干国家气象观测站（无人值守）、省级气象观测站、应用气象观测站。新疆维吾尔自治区地面气象观测以自动观测为主、人工观测为辅。为保持观测方法和观测手段的延续性，阿勒泰站仍长期保留人工器测观测任务，在08时、14时、20时（北京时，下同）开展人工观测（含自记仪器记录整理、云状观测）。

1.1　地面气象观测站分类

《中国气象局关于印发气象观测站分类及命名规则的通知》（气发〔2018〕35号）详细规定了中国气象观测站的分类和命名规则，新疆维吾尔自治区地面气象观测站分类见表1.1。

表1.1　地面气象观测站分类表

观测站	类别		
有人值守观测站	国家基准气候站	国家基本气象站	国家气象观测站
	根据国家气候区划以及全球气候观测系统要求，是国家气候站网的骨干，平均间距为200 km左右	根据全国气候分析和天气预报的需要设置，是国家气候站网的主体，平均间距90 km左右	根据行政区划、各地气象预报、服务需求设置
辐射观测	一级站	二级站	三级站
无人值守观测站	国家气象观测站	省级气象观测站	应用气象观测站（交通）
	原天气站（一类站），观测站的布局设计及所承担的观测项目的归口管理为国家级	原区域站（二类站），观测站的布局设计及所承担的观测项目的归口管理为省级。包括常规自动气象观测站和智能区域自动气象站	交通站（省级管理）是国家公路网运行监测与服务系统的重要组成部分，也是国家气象监测网络系统的重要补充

1.2 地面气象观测场、值班室建设

1.2.1 环境条件要求

1.2.1.1 有人值守观测站

①地面气象观测场是取得地面气象资料的主要场所，应设在能较好地反映本地较大范围的气象要素特点、符合全国气象观测站网布局且能长期保持良好气象探测环境的地方，满足国务院气象主管机构规定的选址技术要求。

②地面气象观测场四周应空旷平坦，避免建在陡坡、洼地或邻近有铁路、公路、工矿、烟囱、高大建筑物、垃圾场排污口和有干扰源的地方。避开地方性雾、烟等大气污染严重的地方。

③如果在城市或工矿区，观测场应设立在城市或工矿区最多风向的上风方。

④地面气象观测场探测环境应符合国务院气象主管机构有关保护规范、标准等文件的要求，并按《中华人民共和国气象法》(2016 年修订版)、《气象设施和气象探测环境保护条例》等法律法规依法进行保护，还应将四项强标在当地自然资源、规划等部门备案。

⑤地面气象观测场探测环境发生变化后，应及时在值班日志中记录。

1.2.1.2 无人值守观测站

①观测场应安置于地面，四周宜空旷平坦，10 m 范围内不宜有障碍物。

②影响源、人工建造水体与温度传感器的水平距离宜大于 10 m；当太阳高度角大于 20°时，周围障碍物不宜对温度传感器产生阴影。

③障碍物与降水传感器的水平距离宜大于两者的高度差。单雨量设备放置在屋顶的，降水传感器应距离平台边缘不小于 1 m。

④障碍物与风杆的水平距离宜大于障碍物(从高出风杆安装基础平面以上起算)自身高度的 3 倍。

⑤在有特别服务需求且地形特殊的情况下，可酌情选址，但应满足其配置的观测要素的最基本的代表性条件。

⑥应用气象观测站(交通)布设的位置应具有代表性，防止外界因素对其本身造成损坏，并考虑公路或气象部门的特殊需要。

1.2.2 观测场

1.2.2.1 有人值守观测站

①观测场一般为 25 m×25 m 的平整场地，方位为正南正北，需要安装辐射仪器的台站，可将观测场南边缘向南扩展 10 m。

②需测定观测场的经纬度(测量精确到秒，标注精确到分)和海拔高度(精确到 0.1 m)，并将其数据和南北方位刻在观测场中心位置的固定标志上。

③观测场四周一般应设置约 1.2 m 高的稀疏围栏，不宜采用反光太强的材料。观测场围栏的门一般开在北面。观测场地应平整，保持有均匀草层(不长草的地区例外)，草高不能超过

20 cm。对草层的养护，不能对观测记录造成影响。场内不准种植作物。

④为保持观测场地自然状态，场内铺设 0.3～0.5 m 宽的小路（不得用沥青铺面）。有积雪时，除小路上的积雪可以清除外，应保护场地积雪的自然状态。

⑤根据场内仪器布设位置和线缆铺设需要，在小路下修建电缆沟。电缆沟应做到防水、防鼠，便于维护。信号线和电源线应铺设在不同线槽内。

⑥观测场防雷系统接地电阻应≤4 Ω。

1.2.2.2 无人值守观测站

①应设置在地面，并保持自然平整的下垫面，除单雨量站外，不得设置在建筑物上面。观测场外四周 2 m 范围内应与观测场内下垫面一致，不得用水泥或沥青等进行硬化。降水较多的地区，四周可修建排水沟，以尽可能减少强降水时造成观测场内积水，排水沟的宽度约为 30～50 cm，深度约为 20～30 cm，并采取必要的安全措施。观测场内不宜安装装饰灯。对于灾害易发区，要提高基础设施建设标准。

②在城区、旅游景点、石油平台等特殊安装条件下，可不设置观测场。

③观测场围栏门一般开在北面，亦可开在方便人员进出或风杆放倒方向的位置。

④观测场面积应能满足省级常规站所配置观测要素对探测环境的要求。确因条件限制，也要满足风、气温、降水等气象要素对探测环境的最低要求，遵循各仪器之间互不干扰的原则，栏到仪器的间距应能使围栏起到有效的隔离防护作用。

⑤观测场应设置坚固、稀疏、美观、耐用、白色不反光材料的围栏，其高度、样式可根据安全防护需求确定并以与周边环境相协调为宜。亦可根据当地情况加装防护网、电子围栏等。

⑥围栏外侧应设立测站标牌、探测环境保护警示牌等标识。标牌的内容至少包括观测站名称、建站时间、建设单位、联系电话。警示牌内容为气象探测环境警示标语。标牌和警示牌的材质、大小、样式和安装方法新疆维吾尔自治区气象局统一确定。

⑦应用气象观测站（交通）距离行车道较近时，应设置护栏，为防止设施遭受人为破坏和偷盗，可采取设置防护栅栏、安装监控摄像机等措施。

1.2.3 观测场地仪器设施的布置

1.2.3.1 有人值守观测站

观测场内仪器设施的布置应互不影响，便于观测操作，具体要求如下。

①高的仪器设施安置在北面，低的仪器设施安置在南面。若布设两套自动站，东北方向上，主站仪器设施应安置在备份站相应仪器的东面；南北方向上，主站仪器设施应安置在备份站相应仪器的北面。

②各仪器设施东西排列成行，南北布设成列，相互间东西间隔一般不小于 4 m，南北间隔一般不小于 3 m，仪器距观测场边缘护栏一般不小于 3 m。

③仪器安置在紧靠东西向小路南面（综合集成硬件控制器、降水现象仪、蒸发传感器、风向风速传感器、前向散射能见度仪等除外）。

④辐射观测仪器一般安置在观测场南面，观测仪器感应面不能受任何障碍物影响。因环境条件限制不能安装在观测场内的总辐射、直接辐射、散射辐射、日照以及风传感器可安装在天空条件符合要求的屋顶平台上，反射辐射和净全辐射传感器安装在符合条件、有代表性下垫

面的地方。

观测场内仪器设施布置见图 1.1,仪器、设备安装要求见表 1.2。

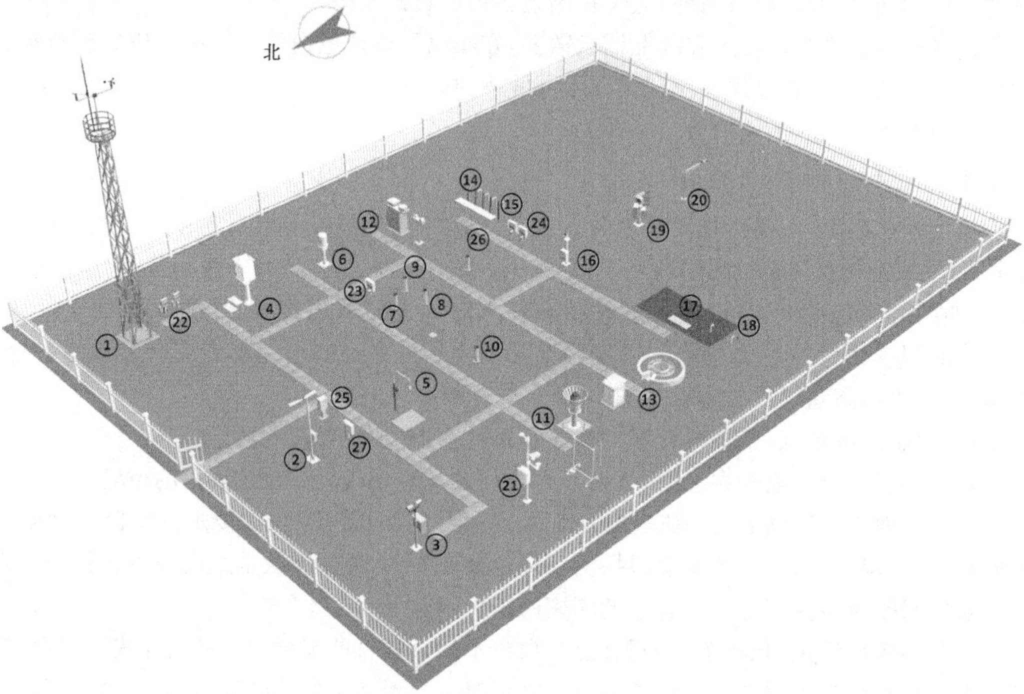

图 1.1 观测场仪器布置参考图

(图中数字分别代表:①风塔、风向风速传感器;②前向散射能见度仪;③降水现象仪;④百叶箱、气温传感器、湿度传感器、气温多传感器标准控制器;⑤自动雪深仪;⑥闪电定位仪;⑦翻斗雨量传感器Ⅰ;⑧翻斗雨量传感器Ⅱ;⑨翻斗雨量传感器Ⅲ;⑩翻斗雨量传感器;⑪称重式降水传感器;⑫酸雨自动观测仪;⑬通风防辐射罩、蒸发传感器;⑭深层地温传感器(40、80、160、320 cm);⑮冻土自动观测仪;⑯光电式数字日照计;⑰地面温度传感器、浅层地温传感器(5、10、15、20 cm);⑱草面温度传感器;⑲全自动太阳跟踪器;⑳辐射传感器;㉑天气现象视频智能观测仪;㉒主采集器;㉓降水多传感器标准控制器;㉔地温分采集器;㉕综合集成硬性控制器;㉖雨量器;㉗配电箱。)

表 1.2 仪器、设备安装要求表

仪器	安装要求	允许误差范围	基准部位
气压传感器	距地高度 120 cm	±3 cm	感应部分中心
温湿度传感器	距地高度 150 cm	±5 cm	感应部分中部
风速传感器	距地高度 10～12 m	/	风杯中心
风向传感器	距地高度 10～12 m	/	风标中心
	方位正北	±5°	方位指北杆
翻斗雨量传感器	距地高度 70 cm	±3 cm	承水口口缘
称重式降水传感器	距地高度 120 cm 或 150 cm	±3 cm	承水口口缘

续表

仪器	安装要求	允许误差范围	基准部位
辐射传感器	支架高度 150 cm	±10 cm	支架安装面
	方位正北	±0.25°	底座南北线
	纬度以本站纬度为准	±0.1°	
蒸发传感器	距地高度 30 cm	±1 cm	口缘
地面温度传感器	铂电阻传感器埋入土中一半	/	感应部分中心
草面温度传感器	距地高度 6 cm	±1 cm	感应部分中心
浅层地温传感器	深度 5、10、15、20 cm	±1 cm	感应部分中心
深层地温传感器	深度 40、80 cm	±3 cm	感应部分中心
	深度 160 cm	±5 cm	
	深度 320 cm	±10 cm	
前向散射能见度仪	距地高度 280 cm	±10 cm	采样区域中心
降水现象仪	距地高度 200 cm	±10 cm	采样区域中心
自动雪深观测仪	距地高度 150 cm	±3 cm	测距探头
	距地高度 200 cm	±5 cm	
冻土自动观测仪	深度 0～150 cm	±1 cm	感应部分中心
	深度 150～300 cm	±1 cm	
	深度 300～450 cm	±1 cm	
光电式数字日照计	距地高度 150 cm	±5 cm	日照计中心
	方位正北	±5°	光学镜筒筒口
	纬度以本站纬度为准	±0.5°	
闪电定位仪	方位正北	0.25°	磁场天线环
	仪器自身高度	/	
天气现象视频智能观测仪	距地高度 280 cm	±10 cm	立柱顶端
视程障碍现象仪	安装在能见度传感器立柱上	/	/
采集器箱	高度以便于操作为准	/	/
地温分采集器箱	高度以便于操作为准	/	/
辐射分采集器箱	高度以便于操作为准	/	/
综合集成硬件控制器	高度以便于操作为准	/	/

1.2.3.2 无人值守观测站

①风杆、能见度仪、百叶箱、雨量传感器、称重降水的位置参见1.2.3.3小节中气象站仪器布局要求。仪器之间的距离应不小于2 m,仪器(除风杆外)距围栏应不小于2 m。

②基础的顶面要方正、平滑,并高出观测场地面5 cm以上,以减少积水对紧固件的侵蚀。

③仪器有电源线、信号线接入的,基础内要预埋一定口径的铝塑穿线管,与地下管道连通,用于仪器缆线的穿行和保护。电源线与信号线须分别设置穿线管。

④观测场面积根据观测项目、要素决定,无人值守站单要素为3 m×2 m、4 m×3 m;二要素为6 m×4 m;四要素、六要素观测场面积不得小于8 m×4 m;六要素以上观测场面积不得小于10 m×10 m;智能区域气象观测站观测场面积10 m×10 m。设置在特殊地形、地点条件下的观测场面积,在满足仪器安装布局原则的条件下,场地大小可根据实际情况适当调整。

⑤风、气温、湿度、降水、地温等常规观测仪器按照北高南低的顺序安置,尽量东西成行,南北成列。能见度、固态降水、雪深、天气现象等新增观测仪器的位置,以满足自身观测条件要求,又不影响其他要素观测记录为原则。

⑥场内铺设观测道路时,仪器尽量安置在紧靠东西向小路的南面。

⑦智能区域气象观测站安装基础脚螺栓要露出地面大于50 cm,智能雨量传感器在预制基础时,需保证基础预埋件的一端指向正南方,其余智能设备根据厂家要求安装。

⑧应用气象观测站(交通)安装在公路沿线的路基上时,必要时可采取防震措施,并对传感器及线缆采取加强保护措施。

1.2.3.3 气象站仪器布局要求

省级气象观测站和智能区域气象观测站内仪器设施布置见图1.2~图1.9,单位为cm。

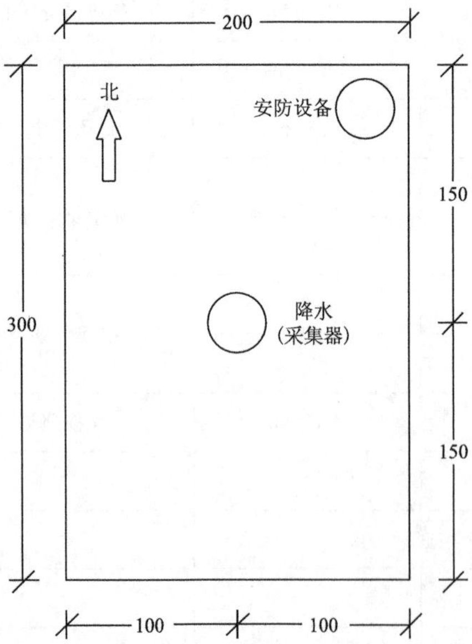

图1.2 单要素省级气象观测站仪器布局(一)

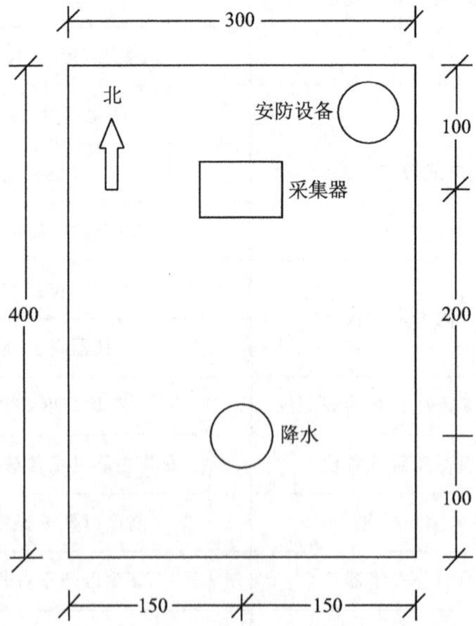

图1.3 单要素省级气象观测站仪器布局(二)

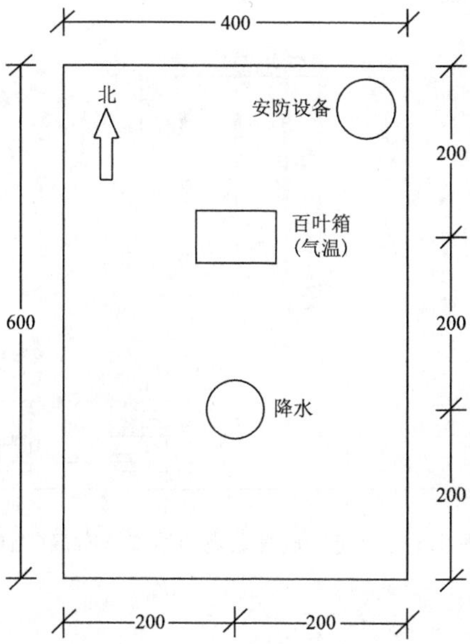

图 1.4 二要素省级气象观测站仪器布局

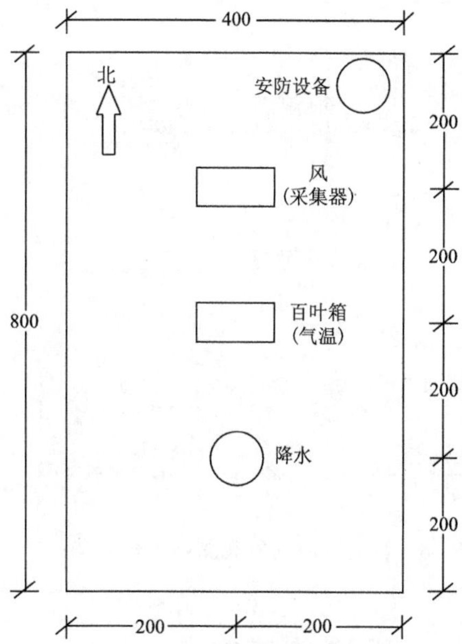

图 1.5 四要素省级气象观测站仪器布局

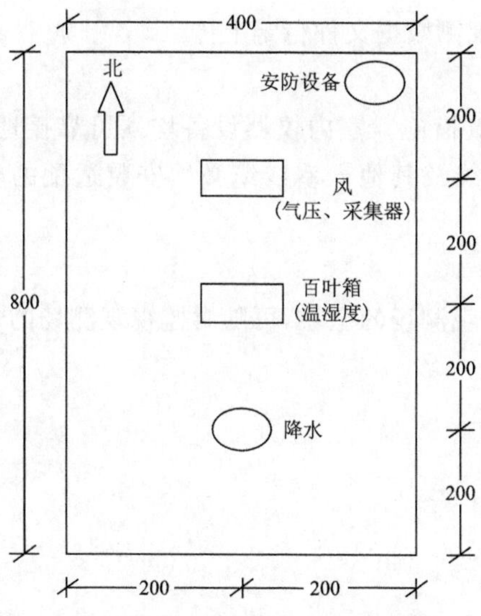

图 1.6 六要素省级气象观测站仪器布局(一)

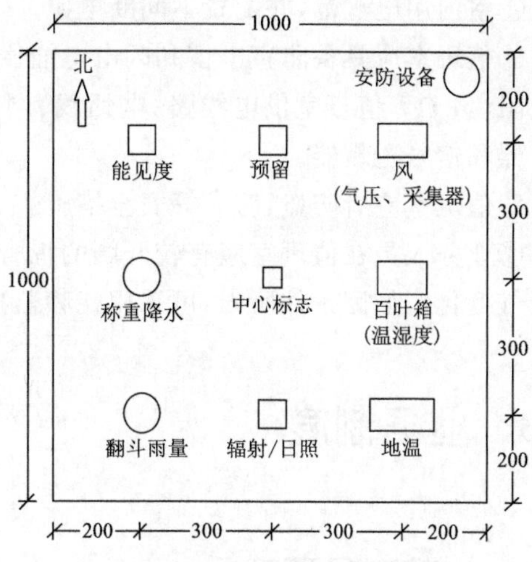

图 1.7 六要素省级气象观测站仪器布局(二)

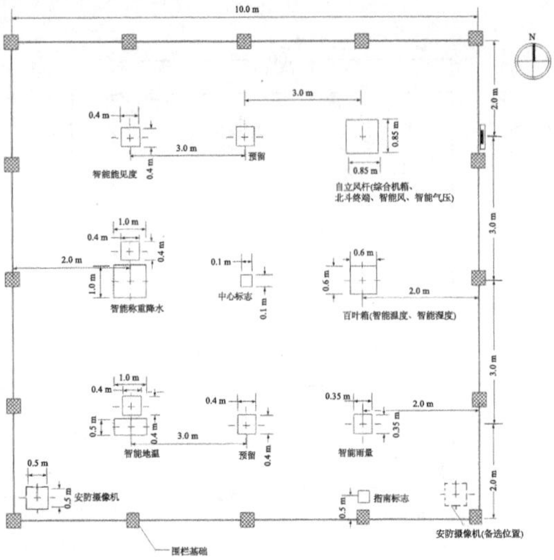

图 1.8　智能区域气象观测站仪器布局(华云)

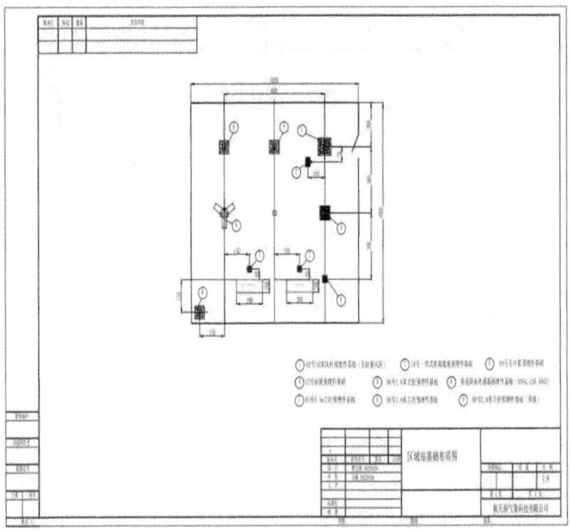

图 1.9　智能区域气象观测站仪器布局(无锡)

1.2.4　观测值班室

观测值班室应达到以下标准。

①观测值班室是业务人员的工作室和安放室内观测设备的场所。

②有专库、专柜存放备用观测仪器和资料文件,整洁有序。

③网络通信系统可靠,有备份可自动切换,确保观测数据文件稳定上传。

④室内用电规范,并配置不间断电源。

⑤值班室应具备防直击雷和闪电电涌侵入的有效措施。室内仪器设备均须可靠接地,接地电阻≤4 Ω。值班室供电线路、电话线、网线、信号线及其他入室线缆必须安装适配的电源避雷器和信号避雷器。

⑥值班室应有防盗、防火等安全措施。

⑦业务人员在值班室应有较开阔的视野,能看见观测场的全貌,可随时监视观测场的情况和天气变化。如因条件所限,可采用视频监控。

1.3　业务制度

1.3.1　观测员职责

观测员应遵守以下职责。

①应全面了解地面气象观测的各项要求,遵守观测值班纪律。坚持实事求是,不得涂改、伪造观测记录,严格按规范的要求完成观测任务。

②负责仪器和场地的日常巡检、常规维护、现场核查和标校等,保持仪器和场地处于良好状态。在仪器设备出现异常或故障时,应及时报告并采取有效措施,尽快恢复。

③应及时、认真地完成各项观测操作,准确获取观测数据和质量控制信息,按规定完成观测资料的整理和报送。

④应接受过系统的业务技术培训,熟练掌握地面气象观测技术,通过地级及以上业务主管部门的上岗考试。

⑤观察和记录可能对地面气象观测产生影响的干扰因素,密切关注观测场周边气象探测环境变化情况,如有变化及时上报并记录。

⑥应积极参加业务主管部门组织的专项业务技术培训,不断掌握新的观测业务技术知识和新仪器的使用维护方法。

⑦观测和积累本地天气变化的特征与现象。

1.3.2 资料、档案保管员职责

资料、档案保管员应遵守以下职责。

①严格按照《气象科学技术保密暂行规定》《涉外气象探测和资料管理办法》《涉外提供和使用气象资料审查管理规定》等相关制度管理地面气象观测数据资料,严禁私自拷贝、外借,做好保密工作。

②负责妥善保管地面气象观测业务相关规范、技术规定、技术手册、仪器设备说明书、仪器故障报告表、仪器检修报告表、仪器核查报告书、仪器标校报告书、值班日志等相关技术资料原始文档,制定编写资料档案清单并定期更新。

③负责定期做好原始观测数据资料、台站质量控制处理数据以及质量控制信息资料的归档、管理和备份,定期进行硬盘、光盘等存储介质更新。

④资料保管做到防火、防潮、防盗、防鼠咬、防虫蛀。

⑤资料保管员工作变动时,全部资料、档案要移交清楚,签字确认。

1.3.3 仪器器材保管员职责

仪器器材保管员应遵守以下职责。

①负责做好地面气象观测仪器设备、配件、耗材等管理工作,负责编制本站备件、耗材需求计划,及时上报购买清单;负责建立出入库登记制度,准确完整记录进、出站的仪器设备、配件、耗材等,做到账物相符。

②严格按照气象观测质量管理体系中《仓储物资管理作业指导书》《储备库设施环境管理作业指导书》的要求做好仪器设备的管理工作,出现设备调拨情况时,根据《设备调拨地级作业指导书》做好设备的调拨管理工作。

③负责地面气象观测仪器设备技术管理工作,监督本站执行仪器设备维护检修标校制度的情况。对各种观测仪器设备、网络通信设备比较熟悉,具备维护检修能力,严格按照地面气象观测仪器维护检修和标定要求及时检修处理故障仪器,按时进行仪器测试、维护、标定。

④负责按时撤换和送检仪器,做到使用仪器不超检。

⑤库房保持通风、干燥、整洁。做到防火、防潮、防盗、防鼠咬、防虫蛀,定期检查,保证各类设备完整无损。

⑥当仪器器材保管员工作变动时,应妥善办理移交手续,对所管理的全部仪器设备要当面移交清楚,双方签字,以示负责。

1.3.4 场地、仪器设备维护制度

场地、仪器设备维护要遵守以下制度。

①严格执行《气象设施和气象探测环境保护条例》(国务院令第 623 号),保护好探测环境。严格执行《地面气象观测场值班室建设规范》,防雷设施应符合规范的要求。

②经常检查百叶箱、风向杆、围栏是否牢固并保持洁白,一般 1～3 年刷油漆一次,大风和降雨(雪)等天气之后要及时检查、清洁仪器。

③严格执行仪器的操作规程,保证仪器状态良好并正常运转。现用仪器发生故障应及时查明原因,不能排除的立即更换,并在 1 h 之内报告上级维修部门,严禁私自拆卸自动气象站主要部件。严禁使用超检仪器。

④保持观测场内整洁,浅草平铺,草高超过 20 cm 时,应及时修剪;地温场要保持裸地及土质疏松,雨后及时耙松;观测场四周在规定距离内不能种高秆作物,在围栏上不得爬蔓生植物和晾晒衣物等。

⑤局站分离的台站至少每周一次巡视观测场和仪器设备,其他台站应强化日巡查工作,每周一、每个月第一个星期一固定开展观测场地、仪器设备以及支撑保障设备的周巡视和维护、月维护工作。配备辐射传感器的气象站每天清洁一次辐射传感器外部(遇到重大恶劣天气时应增加维护次数)。

⑥安装、维护仪器时一定要严密组织,保证安全。

⑦数据处理计算机要专机专用,并按规定操作维护。

⑧网络维护和管理要安排专人负责,定期检查计算机及网络病毒,确保网络通信传输通畅。

1.4 业务运行准入、退出

为规范气象观测业务运行管理工作,保障气象观测业务的运行质量和效益,完善气象观测业务运行准入与退出机制,气象观测业务运行准入和退出遵循需求牵引、成熟科学、提质增效、优化集约、审慎稳妥的原则。

1.4.1 业务运行准入

业务运行准入指气象观测业务在具备业务化运行条件后经审批纳入全国综合气象观测网进行业务运行管理的机制。业务运行准入包括两种情况:一是该观测业务虽已在全国综合气象观测网正式开展,但出现新增观测站点或站点迁移、更新观测设备等情形时需实行业务运行准入;二是对首次纳入全国综合气象观测网开展业务运行管理的观测业务实行准入。

1.4.1.1 业务准入流程

(1)迁移、新建站点业务运行准入

台站根据需求,拟选出迁移、新建站点,并编制相关材料上报;地(州、市)气象局开展现场初步踏勘,并初审相关材料后报送观测与网络处;观测与网络处审核并现场踏勘后,按分类管理原则进行审批和上报。

(2)更新或新增观测设备

更新或新增观测设备,首次纳入全国综合气象观测网的观测业务运行准入,由中国气象局或新疆维吾尔自治区气象局提出建设需求并进行统一部署,经观测与网络处进行任务分解后组织相关内设机构和直属单位、相关地(州、市)、台站开展准入相关工作。

1.4.1.2 业务试运行

台站负责开展观测业务的试运行工作,并通过试运行评估,提出观测业务运行准入申请,地(州、市)气象局业务管理部门审核上报,新疆维吾尔自治区气象局装备中心和信息中心分别完成相关试运行评估工作,并完成评估报告。观测与网络处根据试运行综合评估结果,向中国气象局提出业务运行准入申请,中国气象局审批后安排部署相关台站实施正式业务运行。

1.4.2 业务运行退出

业务运行退出指已纳入全国综合气象观测网业务运行管理的观测业务,经审批正式退出业务运行管理的机制。

(1)业务运行退出原则及条件

①业务运行退出原则:观测业务运行退出按国家规定由省(区、市)气象局或国家级业务单位向中国气象局综合观测司提出申请,也可由中国气象局综合观测司直接决定观测业务运行退出。

②业务运行退出条件:观测数据已无应用需求或已失去应用价值;观测技术手段落后且已有新的观测手段替代;观测设备已达到设计寿命或出现故障且无备件替代的;其他确需退出的情形。

(2)业务运行退出流程

业务运行退出由地(州、市)气象局或新疆维吾尔自治区气象局直属单位向观测与网络处提出申请,提交申请材料。观测业务运行准入及退出流程详见图1.10。

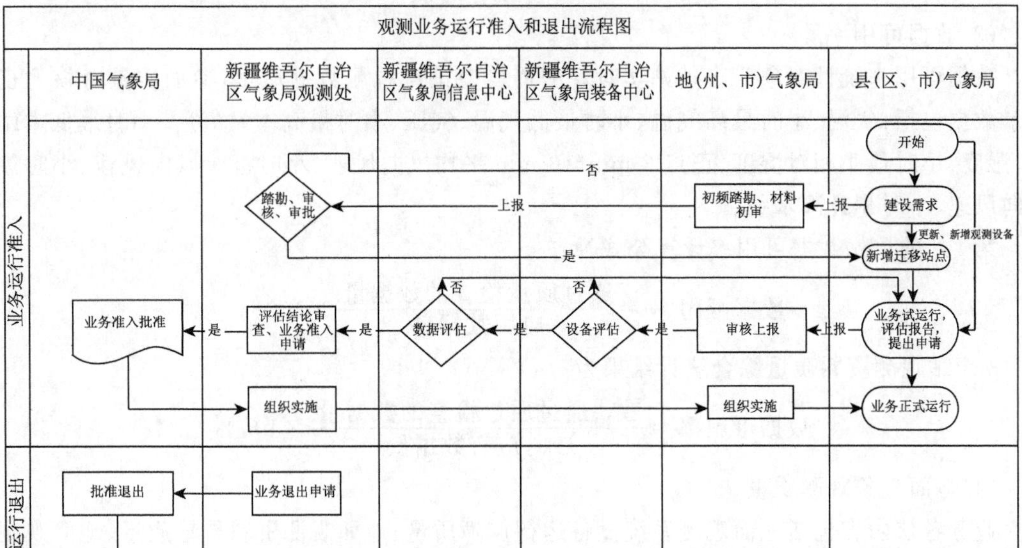

图1.10 观测业务准入和退出流程

1.5 业务质量考核标准

1.5.1 国家级台站考核标准

国家级台站考核标准表见表 1.3。

表 1.3 国家级台站考核标准表

考核指标	考核内容	考核标准
数据传输及时率	国家级台站每小时 1 次经快速质控后的地面气象观测数据格式 BUFR 数据的上传时效	≥99.80%
数据可用性	从设备的可靠性、维修性、保障性以及数据质量 4 个方面进行评估	≥99.96%
数据可用率	实时质量评估是对正点观测的气温、气压、风速、风向、湿度、降水要素数据质量的评估；定期质量评估以月为基本单位，包括对正点观测的全部要素数据、日观测数据质量的评估	≥99.96%

(1)数据传输及时率

全疆 105 个国家级台站，每小时形成 1 份 BUFR 数据文件并上传，考核时效为≤HH+7，超过考核时效要求的按缺报计算。

(2)数据可用性

从全疆 105 个国家级台站的设备运行情况及数据质量等方面进行考核。

$$\text{业务可用性}=\frac{\text{应工作时次}-\text{数据错误时次}-\text{未到报时次}-\text{报文格式错误时次}}{\text{应工作时次}}\times 100\%$$

(3)数据可用率

数据可用率统计对象为自动站实时观测资料中正点观测数据质量，参加质量考核的正点要素数据包括：气温、小时最高气温、小时最低气温、气压、小时最高本站气压、小时最低本站气压、湿度、小时最小相对湿度、正点 2 min/10 min 平均风向风速、小时极大风向风速、小时最大风向风速、小时累计降水量。

第 i 站的单站数据可用率计算公式为：

$$\text{数据可用率}_i=\frac{\text{通过质量检查的数据量}_i}{\text{应用数据量}_i}\times 100\%$$

n 个站观测资料质量综合统计结果为：

$$\text{数据可用率}=\frac{\sum_{i=1}^{n}\text{通过质量检查的数据量}_i}{\sum_{i=1}^{n}\text{应有数据量}_i}\times 100\%$$

(4)地面气象观测质量

业务考核内容包括地面观测系统设备运行保障质量、地面观测资料传输质量、地面观测数据质量三方面。地面气象观测质量以地面气象观测质量综合指数来反映。

计算公式为：地面气象观测质量综合指数＝0.5×设备稳定运行率＋0.25×到报率＋0.25×数据可用率。

1.5.2 无人值守观测站考核标准

无人值守观测站考核标准表见表1.4。

表1.4 观测站考核标准表

考核指标	考核内容	国家气象观测站（无人值守）	省级气象观测站
数据传输及时率	每小时1次经快速质控后的BUFR数据的上传时效	≥98.0%	≥94.0%，≥90.0%（交通站）
数据可用性	从设备的可靠性、维修性、保障性以及数据质量等4个方面进行评估	≥98.5%	≥94.0%
数据可用率	实时质量评估是对正点观测的气温、气压、风速、风向、湿度、降水要素数据质量的评估；定期质量评估以月为基本单位，包括对正点观测的全部要素数据、日观测数据质量的评估	≥98.0%	≥94.0%

（注：具体考核指标计算公式参照国家级台站。）

第2章　站网管理

2.1　观测站新建、迁移、撤销管理

2.1.1　新建无人值守观测站

2.1.1.1　新建站选址

新建、自建、共建等站点应严格按照《省级常规气象观测站建设指导意见》(气测函〔2024〕27号)要求开展选址工作。

2.1.1.2　站点信息确定

站点基本信息包括站点名称、区站号、地理参数、环境信息、要素等。

①站点名称按照《气象观测站分类及命名规则》(QX/T 485—2019)要求。

②区站号的编制方法参见《新疆区域自动站区站号分配表》。

③建设单位应采用GPS定位仪或委托具有测绘资质的第三方测定观测场中心地点的经度、纬度等地理参数。

④站点环境信息须反映出常规站环境基本信息。

2.1.1.3　基础设施建设

观测场地、仪器基础、地下管道、防雷设施等项目均按相关要求执行。

2.1.1.4　设备安装和数据上传

(1)设备安装

测场内仪器设施的布置应互不影响。

(2)元数据管理

建设单位应及时填写《新疆区域站站点信息表》,上报至各地(州、市)业务科审核,业务科审核无误后发送至观测与网络处。站点建设完成后及时在天元、MDOS系统中提交站点元数据。

2.1.2　迁移有人值守和无人值守观测站

2.1.2.1　迁移有人值守观测站

(1)迁移要求

《中华人民共和国气象法》(2016年修订版)第十二条规定,未经依法批准,任何组织或者

个人不得迁移气象台站；确因实施城市规划或者国家重点工程建设，需要迁移国家基准气候站、基本气象站的，应当报经国务院气象主管机构审批；需要迁移其他气象台站的，应当报经省、自治区、直辖市气象主管机构审批。迁建费用由建设单位承担。

(2)站址初选

申请人应提供至少三个候选新址并提交《气象台站迁建申请表》和《站址选址报告书》，征得当地县级或以上人民政府以及自然资源、城乡规划管理部门同意，由县(区、市)气象局依据相关规定对新址进行踏勘，并编制相关申请材料报地(州、市)气象局，地(州、市)气象局将相关材料审核后上报观测与网络处，观测与网络处组织专家进行对拟迁新址的科学性、合理性进行评估。

(3)提交行政许可申请材料

申请人提供的新址符合要求并通过专家论证后，申请人或申请代理人根据中国气象局行政审批平台(http://qxxzsp.cma.cn/)相关要求编制的申请材料，申请人所报的申请材料通过县(市、区)气象局、地(州、市)气象局及新疆维吾尔自治区气象局技术审查合格后，申请人通过中国气象局行政审批平台提交迁建气象观测站申请。

(4)现场踏勘

申请人(申请代理人)收到观测与网络处关于对拟迁新址进行实地踏勘的通知后，积极配合完成实地踏勘工作，严格按照迁站要求的条件进行现场踏勘。

(5)对比观测

①通过观测与网络处组织的专家论证确定拟迁站址后，完成7要素自动气象站建设(气压、气温、湿度、风向、风速、地温、降水)，对比观测期间要做好对比观测仪器场地的日常维护和检查，确保对比观测数据完整准确。

②对比观测要求：旧站址的观测记录应持续到12月31日，新站址的正式观测记录应从次年1月1日开始。

(6)新址建设

中国气象局或新疆维吾尔自治区气象局批复准予气象观测站迁建行政许可后，由申请人负责开展新址建设，县(区、市)气象局负责监督申请人落实各项承诺，督促申请人在行政许可三年有效期内完成新址建设，新址观测场和仪器按相关要求进行建设。

(7)新址启用申请

新址建设完成后，将新址启用相关材料上报观测与网络处，观测与网络处正式公文形式，向综合观测司申请启用新站址。

(8)新址验收

启用申请批复后，申请观测与网络处验收，组织有关技术专家成立验收小组进行实地验收，召开验收会、实地检查，并填写《气象观测站新址验收表》，召开验收会提出验收整改意见建议，整改完成后，验收小组出具验收报告。

(9)新址正式开展观测工作

①新址验收完成后，根据新址正式开展工作的要求，新址在次年1月1日起正式开展观测工作。

②填写新疆站点信息变更表，并上报观测与网络处审核。

③旧址自动站在对比观测资料审核合格之前，新旧址继续进行对比观测，台站要对旧址进行必要的周、月维护，确保旧址观测数据准确、完整，台站需每月将旧站自动站A文件上传至

气象信息中心。

(10)新址探测环境评估

在次年3月31日前完成新址气象探测环境评估工作,并上报《地面气象观测站探测环境调查评估报告书》。

2.1.2.2 迁移无人值守观测站

(1)迁移要求

未经依法批准,任何组织或者个人不得迁移气象台站;因城市规划或者国家重点工程建设、不可抗力因素、信号维护等原因确需迁站的,拟迁站址必须满足相关迁站条件。

(2)迁建流程

①迁站申请:确需迁站的应向观测与网络处报备,观测与网络处同意后根据区域站建设的必要条件进行拟选站址勘察。

②新址建设:建设单位严格按照相关要求开展站点建设工作。

③拟迁站元数据管理:参见新建站元数据管理。

2.1.3 撤销无人值守观测站

2.1.3.1 撤销条件

无人值守观测站的撤销条件如下。

①已经失去气象业务和服务价值的。

②因自然灾害等因素,现址已不具备设站条件,且无另选新址重建意义的。

2.1.3.2 撤销申请及批复

撤销申请及批复流程详见国家级站点新建迁移撤销流程图见图2.1。

气象台站迁移和撤销等相关内容详见《气象台站迁建行政许可管理办法)》(中国气象局令第35号)与《气象观测站新建迁移和撤销管理规定》(气发〔2020〕50号)。

2.2 气象元数据管理

“综合气象观测业务运行天元系统”(天元系统)是国内气象部门唯一的观测元数据管理平台,涉及国内气象观测站点的元数据信息均以此平台为准。元数据质量问题是指纳入元数据质量考评的观测任务中,包含站名、经纬度、海拔高度、考核级别、管理级别、雨量启停时间等要素填写不规范,或天元系统与相关系统软件、平台中元数据进行对比,对比结果存在不一致的情况。元数据质量问题主要分为观测元数据不一致与观测元数据错误两大类。

2.2.1 观测元数据不一致

观测元数据不一致的站点中出现该站点实时上传元数据不唯一、元数据缺失等问题。

实时上传数据不唯一站点的评估方法如下。

(1)新一代天气雷达

检查内容:经纬度、馈源高度。

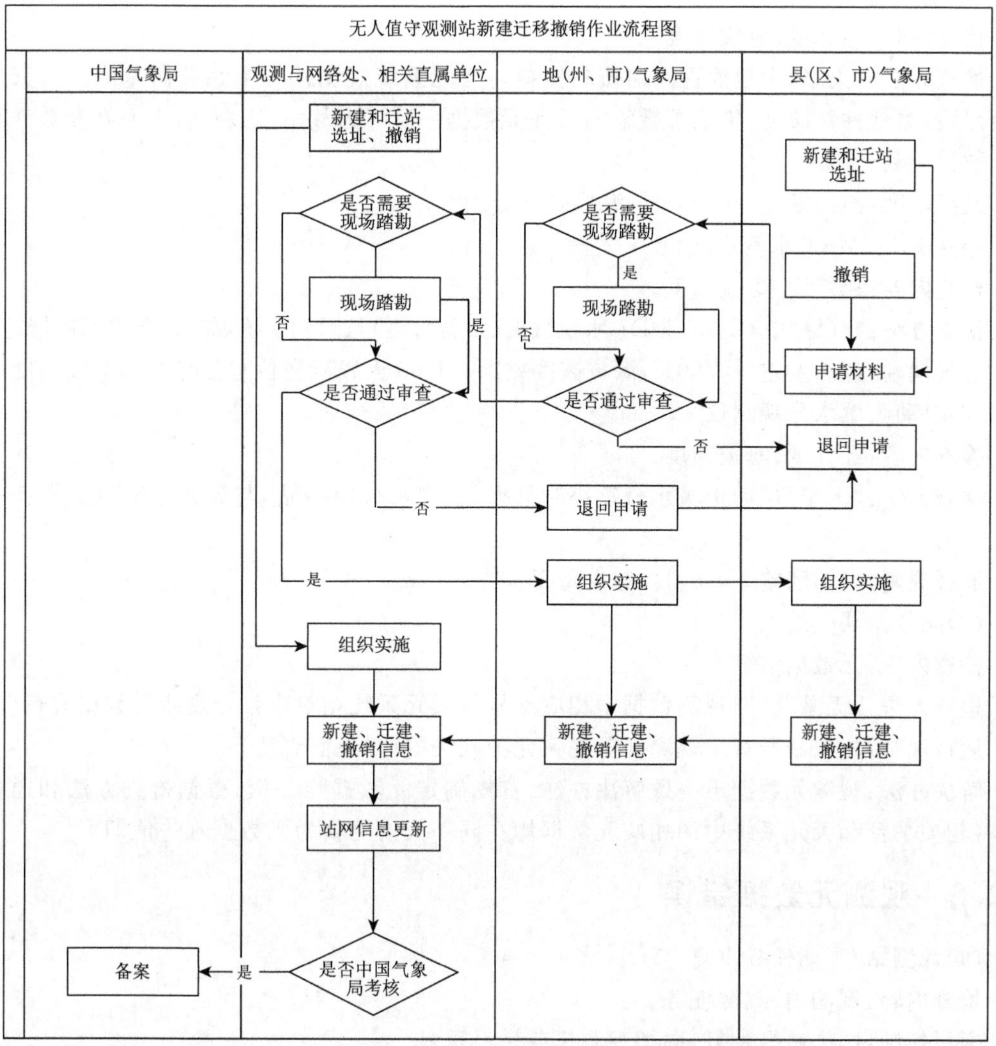

图 2.1 无人值守观测站点新建迁移撤销流程图

检查方法：状态数据(天气雷达软件)与天元系统观测任务中元数据差值。

通报规则：经纬度差＞0.001°，馈源高度差＞1 m。

(2)风廓线雷达

检查内容：经纬度、馈源高度。

检查方法：状态数据(天气雷达软件)与天元系统观测任务中元数据差值。

通报规则：经纬度差＞0.001°，馈源高度差＞1 m。

(3)高空气象观测

检查内容：经纬度、海拔高度。

检查方法："天擎"高空定时值接口(探空软件)与天元系统观测任务中元数据差值。

通报规则：经纬度差＞0.0003°，馈源高度差＞0.1 m，按照观测规范要求：高空气象观测站海拔应＝气压传感器海拔高度＋雷达自身的高度。

(4)地面气象观测

检查内容:经纬度、海拔高度。

检查方法:"天擎"中地面逐小时资料接口与天元系统观测任务中元数据差值。国家自动站:台站各类软件经纬度、主采参数需与天元元数据一致。天气站、区域站:中心站参数需与天元元数据一致。

通报规则:经纬度差>0.0003°,海拔高度差>0.1 m。

(5)GNSS/MET 水汽观测仪

检查内容:经纬度、海拔高度。

检查方法:"天擎"中 GNSS/MET 水汽数据(设备自测)与天元系统观测任务中元数据差值。

通报规则:经纬度差>0.001°,海拔高度差>0.1 m(天线所在位置经纬度和海拔高度)。

(6)自动土壤水分观测仪

检查内容:经纬度、海拔高度。

检查方法:"天擎"自动土壤水分逐小时数据(土壤水分中心站)与天元系统观测任务中元数据差值。

通报规则:经纬度差>0.001°,海拔高度差>0.1 m。

(7)元数据缺失站点

检查内容:元数据信息。

检查方法:"天擎"获取观测数据中相应站号与天元系统相对应站号观测元数据进行对比。

通报规则:相应站号对应观测任务在天元中缺失(仅对地面观测)。

解决办法:观测元数据不一致解决办法,首先确定元数据唯一值,根据检查方法和通报规则,将相关平台和天元系统中的相应元数据均在同一天内更新为元数据唯一值即可。

2.2.2 观测元数据错误

(1)观测站/观测任务重复

检查内容:观测站、观测任务。

通报规则:同类站号重复、同类观测任务站号重复。

查询问题办法:基础数据管理——观测任务查询——站名(站号)——详细类型——查询。

软件操作界面见图 2.2。

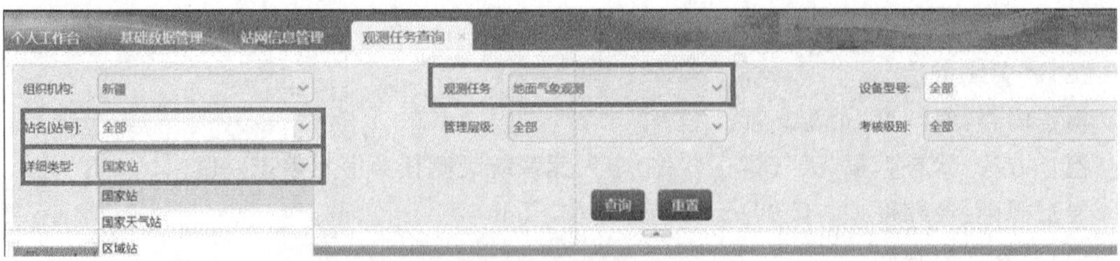

图 2.2 观测任务查询软件操作界面

(2)观测站无观测任务、观测任务无对应站

检查内容:观测站、观测任务。

通报规则:有未挂接任何观测任务的主站,观测任务没有对应的主站。

查询方法：基础数据管理——站网信息管理——站名(站号)输入站号查询，进入该站点查看是否有观测任务。软件操作界面见图 2.3。

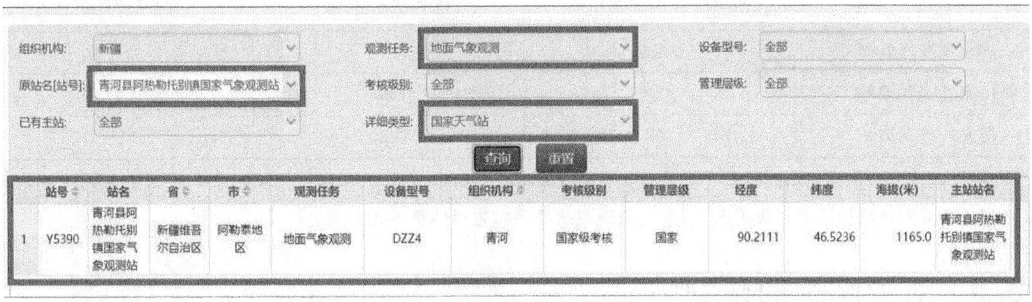

图 2.3 观测任务查询软件操作界面

(3)站名与管理级别不符

检查内容：观测站名与管理级别。

检查方法：观测站名与管理级别是否匹配。

解决办法：国家管理——站名中必须包含“国家”二字。

省级管理——站名中不可包含“国家”二字。

(4)翻斗雨量启停时间

检查内容：相关观测任务的起止时间。

检查方法：起止时间设置是否符合规则。

2.3 气象探测环境管理

2.3.1 气象探测环境要求

2.3.1.1 保护期限

国家基准气候站站址应至少保持 50 a 稳定不变；国家基本气象站和国家气象观测站站址应至少保持 30 a 稳定不变。

2.3.1.2 周围环境

①观测场四周应空旷平坦，保持气流畅通和自然光照。

②观测场最多风向的上风方 90°范围内 5000 m、其他方向 2000 m，在此范围内不宜规划工矿区，不宜建设易产生烟幕等污染大气的设施；国家基准气候站的观测场上风方方向 5000 m 范围内不宜规划人口总数超过 5000 人的居民区。

③在观测场 1000 m 范围内不应实施爆破、钻探、采石、挖沙、取土等危及地面气象观测场安全的活动。

2.3.2 对障碍物的限制

在地面气象观测常四周应划定障碍物控制区，控制区范围应符合表 2.1 的要求。

表 2.1　地面气象观测场四周障碍物控制区范围及要求　（单位：m）

国家级台站类别	观测场围栏以外四周向外延伸的距离	障碍物与观测场围栏最近距离	障碍物任意一点的高度距离比
国家基准气候站	2000	≥50	<1/10
国家基本气象站	1000	≥50	<1/10
国家气象观测站	800	≥30	<1/8

注：有日照或太阳辐射观测的地面气象观测站周围障碍物的附加限制要求：在日出和日落方向内，国家基准气候站和国家基本气象站障碍物遮挡仰角不大于 5°，国家气象观测站障碍物遮挡仰角不大于 7°。

2.3.3　对影响源的限制

对影响源的限制如表 2.2 所示。

表 2.2　影响源与地面气象观测站围栏之间的最小距离　（单位：m）

影响源类别	国家基准气候站、国家基本气象站	国家气象观测站
设置垃圾场、排污口等干扰源	>500	>200
修建铁路	>200	>100
挖筑水塘等	>100	>50
修建公路、种植高度超过 1 m 的树木和作物等	>50	>30

2.3.4　气象探测环境监测

台站值班人员每日监测并在值班日记中记录探测环境变化情况，探测环境有变化时应及时上报。若有变化，值班员需对台站周边环境进行全过程监视，对在建项目的改建项目压迫跟踪监测，必要时邀请规划设计部门实地测控，并将监测到的变化情况定期上报，必要时开展执法，并保留执法记录。台站每月第一个工作日在天元系统填报本区域内气象探测环境月报告。地（州、市）气象局业务科在每月第三个工作日前在天元系统上汇总、审查、上报本区域内气象探测环境月报告；新疆维吾尔自治区气象局观测与网络处每月第五个工作日前在天元系统上汇总、审查全疆各类气象探测环境变化月报告，并及时上报中国气象局。

2.3.5　气象探测环境备案

国家基准气候站、国家基本气象站、国家气象观测站在迁站、升级站点等时要将气象探测环境保护标准在当地自然资源、规划等部门进行备案，并开展面向社会的公告、宣传。

2.3.6　气象探测环境评估

当国家基准气候站、国家基本气象站、国家气象观测站迁移后应对新旧站址进行气象探测环境调查评估，或根据中国气象局和新疆维吾尔自治区气象局的通知要求开展该项工作。调查评估内容、调查评估指标及方法详见《国家级地面气象观测站探测环境调查评估方法》（气测函〔2013〕258 号）、观测司关于重新印发《国家级地面气象观测站和高空气象观测站探测环境调查评估方法的通知》（气测函〔2013〕258 号）。

第3章 数据获取与传输

3.1 地面气象自动观测要素

3.1.1 云

云是悬浮在大气中的小水滴、过冷水滴、冰晶或他们的混合物组成的可见聚合体，有时也包含一些较大的雨滴、冰粒和雪晶，其底部不接触地面。

3.1.1.1 云的观测

云的人工观测主要包括判定云状、估计云量、测定云高和选定云码。按云的外形特征、结构特点和云底高度分为三族、十属、二十九类。云量是指云遮蔽天空视野的成数。云高指云底距测量点的垂直距离，也称云底高，云底的高度与抬升凝结高度、垂直湿度分布等密切相关。总云量以"成"为单位，取整数；云高以"米(m)"为单位，取整数。

3.1.1.2 观测仪器

自动观测云量、云高的仪器主要有激光云高仪、全天空成像仪和毫米波云雷达、天气现象视频智能观测仪等。激光云高仪相关内容详见《激光云高仪功能规格需求书(试行版)》(气测函〔2013〕323号)。毫米波云雷达是指工作在毫米波波段的雷达，气象上常选用Ka(35 GHz)和W(94 GHz)波段。毫米波云雷达基于大气中的悬浮粒子对电磁波的后向散射，利用接收到的后向散射信号反演云的宏观和微观特性，可以连续探测云的水平和垂直结构变化，获取云底、云顶、云厚等宏观参数和反射率、速度、谱宽等微观参数，根据雷达反射率反演云中液态水含量。根据电磁波极化方式的不同，可分为单偏振和双偏振毫米波云雷达，其中双偏振毫米波云雷达可以识别云粒子相态。

3.1.2 能见度

能见度用气象光学视程表示，能见度观测仪测定的是一定基线范围内的能见度。气象光学视程是指白炽灯发出色温为2700 K的平行光束的光通量在大气中削弱至初始值的5%所通过的路径长度。

3.1.2.1 能见度观测

自动能见度是指基于仪器观测自动获得的能见度值，是利用标准算法将传感器测量值转换得到的能见度值，该值能够代表观测点的能见度。能见度观测包括1 min平均能见度、

10 min 平均能见度、小时最小能见度及出现时间、日最小能见度及出现时间。自动观测能见度的仪器主要有前向散射能见度仪、透射式能见度仪等。

3.1.2.2　能见度自动观测设备

能见度自动观测设备包括前向散射能见度仪、透射式能见度仪等设备。新疆国家级台站的能见度观测设备多为 DNQ1 型前向散射能见度仪，前向散射能见度仪的发射器与接收器之间保持一定的距离，并成一定的角度，接收器不能接收到发射器直接发射和后向散射的光，只能接收大气的前向散射光。通过测量散射光强度，可以得出散射系数，从而估算出消光系数，从而得出气象光学视程。发射器持续发射红外光脉冲，经大气分子和颗粒物散射，接收器探测一定体积大气样本在固定方向上的散射光，并将光信号转换为电信号。

前向散射能见度仪由传感器、采集器、支架、电源和校准装备等部分组成，传感器部分包括发射器、接收器和控制处理器等。采集器包括接口单元、中央处理单元、存储单元和显示单元等。支架部分包括立柱和底座。电源部分包括供电电源、电源防雷器和蓄电池等。校准装备用于传感器的定期校准，主要由衰减片和散射片构成。能见度仪带有内部加热装置，以防止水汽凝聚在光学镜头表面。发射器和接收器均有镜头表面污染监测功能，当污染程度超过阈值时进行报警。通信使用 RS-232 或 RS-485 接口。通过外接无线传输模块，可以扩展通信距离。无线传输模块的类型有 GPRS、CDMA 等。无线传输时，可以实现多点传输。前向散射能见度仪相关内容详见《前向散射能见度仪观测规范(试行)》(气测函〔2011〕194 号)。

3.1.3　天气现象

天气现象是指发生在大气中、地面上的一些物理现象，它包括降水现象、地面凝结现象、视程障碍现象、雷电现象和其他现象等，这些现象都是在一定的天气条件下产生的。

地面气象观测天气现象包括 21 种(详见表 3.1)。

表 3.1　地面气象观测天气现象

类别	天气现象	定义
降水现象	雨	滴状的液态降水，下降时清楚可见，强度变化有时缓慢、有时急剧，有时伴有雷暴，落在水面上会激起波纹和水花，落在干地上可留下湿斑
	阵雨	开始和停止都较突然、强度变化大的液体降水，有时伴有雷暴
	毛毛雨	稠密、细小而十分均匀的液态降水，下降情况不易分辨，看上去似乎随空气微弱的运动飘浮在空中，徐徐落下。迎面有潮湿感，落在水面无波纹，落在干地上只是均匀地润湿，地面无湿斑
	雪	固态降水，大多是白色不透明的六出分枝的星状、六角形片状结晶，常缓缓飘落，强度变化较缓慢。温度较高时多成团降落
	阵雪	开始和停止都较突然、强度变化大的降雪
	雨夹雪	半融化的雪(湿雪)，或雨和雪同时下降
	阵性雨夹雪	开始和停止都较突然、强度变化大的雨夹雪
	冰雹	坚硬的球状、锥状或形状不规则的固态降水，雹核一般不透明，外面包有透明的冰层，或由透明的冰层与不透明的冰层相间组成

续表

类别	天气现象	定义
地面凝结现象	露	水汽在地面及近地面物体上凝结而成的水珠
	霜	水汽在地面及近地面物体上凝华而成的白色松脆的冰晶；或由露冻结而成的冰珠。易在晴朗风小的夜间生成
	雨凇	过冷却液态水碰到地面物体后直接冻结而成的坚硬冰层，呈透明或毛玻璃状，外表光滑或略有隆凸
	雾凇	空气中水汽直接凝华，或过冷却雾滴直接冻结在物体上的乳白色冰晶物，常呈毛茸茸的针状或表面起伏不平的粒状
视程障碍现象	雾	大量微小水滴浮游空中，常呈乳白色，使水平能见度小于 1.0 km
	轻雾	微小水滴或已湿的吸湿性质粒所构成的灰白色的稀薄雾幕，使水平能见度大于等于 1.0 km 至小于 10.0 km
	霾	大量极细微的干尘粒等均匀地浮游在空中，使水平能见度小于 10.0 km 的空气普遍浑浊现象
	沙尘暴	由于强风将地面大量沙尘吹起，使空气相当浑浊，水平能见度小于 1.0 km
	扬沙	由于风大将地面尘沙吹起，使空气相对浑浊，水平能见度大于等于 1.0 km 至小于 10.0 km
	浮尘	尘土、细沙均匀地浮游在空中，使水平能见度小于 10.0 km
其他现象	大风	瞬时风速达到或超过 17.0 m/s 的风
	积雪	雪覆盖地面达到气象站四周能见面积一半以上
	结冰	指露天水面（包括蒸发器的水）冻结成冰

3.1.3.1 降水现象

降水现象包括毛毛雨、雨、雪、雨夹雪和冰雹等天气现象。降水量观测包括分钟降水量、小时累计降水量、日累计降水量。降水量以毫米(mm)为单位，取 1 位小数。降水强度(降水率)以毫米每分钟(mm/min)为单位，取 1 位小数。

自动观测降水现象的仪器主要有降水现象仪、二维激光雨滴谱仪等，自动观测降水的仪器主要有双翻斗雨量传感器、称重式降水传感器、单翻斗雨量传感器和降水多传感器标准控制系统等设备。

(1)降水现象仪

降水现象仪是不同降水现象的降水粒子，因其物理特性的差异，在粒径和下落末速度的分布上有各自对应关系。根据降水粒子对激光信号的衰减影响程度，检测降水粒子的粒径和下落末速度，确定降水粒子的图谱分布，输出降水现象类型。降水现象仪工作原理见图 3.1。

降水现象传感器包括激光发射和接收、控制处理单元、温度控制等。数据采集单元负责处理采样的降水粒子大小、速度、数量等信息，对采样样本进行质量控制、运算处理，输出降水现象类型、雨滴图谱、仪器工作状态等信息，采用 DC12V 供电，应配蓄电池。该类设备应安装在没有干扰光学测量的遮挡物和反射表面影响的地方，远离产生热量及妨碍降水采集的设施，避免闪烁光源、树荫及污染源的影响。降水现象仪相关内容详见《降水现象仪观测规范(试行)》

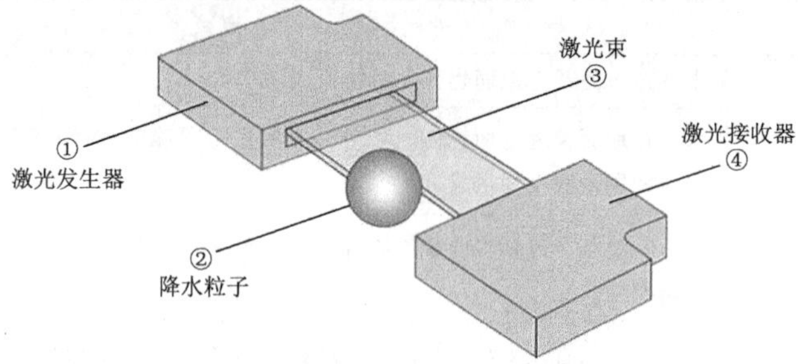

图 3.1 降水现象仪工作原理图

(气测函〔2017〕87 号)。

(2)翻斗雨量传感器

承雨器收集的降水通过漏斗进入上翻斗,当降水累积到一定量时,由于降水本身重力作用使上翻斗翻转,降水进入汇集漏斗。降水从汇集漏斗的节流管注入计量翻斗时,把不同强度的自然降水调节为强度比较均匀的降水,以减少由于降水强度不同所造成的测量误差。当计量翻斗承受的降水量为 0.1 mm 时,计量翻斗把降水倾倒入计数翻斗,使计数翻斗翻转 1 次。计数翻斗在翻转时,与它相关的磁钢对干簧管扫描 1 次,干簧管因磁化而瞬间闭合 1 次。双翻斗雨量传感器由承水器(常用口径为 20 cm)、上翻斗、汇集漏斗、计量翻斗、计数翻斗和干簧管等组成。

(3)称重式降水传感器

称重测量技术主要有两种,一种是基于电阻应变技术,敏感梁在外力作用下产生弹性变形,使粘贴在它表面的电阻应变片产生变形,电阻应变片变形后,阻值将发生变化,再经相应的测量电路把这一电阻变化转换为电信号,进而得到降水的质量。另一种是振弦技术,以弦丝为弹性部件,根据其所受拉力与振动频率的对应关系,通过相应的测量电路得到降水的质量。

称重式降水传感器的测量原理是通过对质量变化的快速响应测量降水量,通过测量落到盛水桶中降水的质量,根据水的密度换算成降水的体积,再由承水口面积计算出盛水桶中收集的降水总量。载荷元件对重量变化快速响应,把降水引起的重量变化转变为电信号,信号变换电路将载荷元件测得的电信号进行转换,再通过温度修正处理得到重量数据;称重单元通过温度补偿、数字滤波等技术达到全量程范围内的降水准确测量;处理单元对称重单元的信号进行采样,并对采样值进行数据运算处理,计算出分钟降水量和累计降水量。

称重式降水传感器主要由承水口、外壳、内筒、载荷元件及处理单元、底座组件和防风圈等部件组成。承水口形状为内径 200 mm 的正圆,口缘呈内直外斜刀刃形,采用铜、铝合金或不锈钢材料制作,以防雨滴溅失和桶口变形,保证承水口采样面积。外壳的外形设计呈“凸”字形,具有上窄下宽的特点,可起到防风和减少蒸发的作用,传感器外壳和基座颜色均为白色,内筒用于收集降水,盛装防冻液和抑制蒸发油。为方便清空容器内液体,必须配有辅助排水装置。载荷元件用于测量重量变化,处理单元对载荷元件的信号进行采样,并对采样值进行数据运算处理,计算出分钟降水量和累计降水量,并实现质量控制,记录存储、数据通信和传输等功能。底座组件包括底盘、基座和法兰盘等,可以通过选择不同高度的基座改变承水口距地高度。

根据各地最低气温历史资料，添加相应配比的防冻液和抑制蒸发油，防冻液添加量配比见表3.2。抑制蒸发油应采用航空液压油，加入量应能完全覆盖液面。防冻液添加量参考防冻液配比表见下表。称重式降水传感器相关内容详见《降水观测规范—称重式降水传感器（试行）》（气测函〔2011〕199号）。

表3.2 防冻液添加量配比表（内筒为400 mm降水量的容积）

历年平均最低气温/℃	乙烯乙二醇添加量/L	甲醇添加量/L
0（或以上）	0.0	0.0
−5	0.7	0.9
−10	1.1	1.7
−15	1.6	2.2
−20	1.8	2.7
−25	2.1	3.1
−30	2.4	3.5
−35（或以下）	2.6	3.8

（4）智能称重式降水测量仪

智能称重式降水测量仪由称重单元，信号智能处理电路、电源电路三部分组成。称重单元悬挂在圆柱体支座的上法兰盘上，集水桶内收集的降水由称重单元进行称重，根据称得的降水重量即可换算成降水量。信号智能处理电路集信号采样、数据计算、数据质控、数据存储、故障检测、数据通信等功能于一体。电源电路保证设备工作稳定。智能称重式降水测量仪见图3.2。

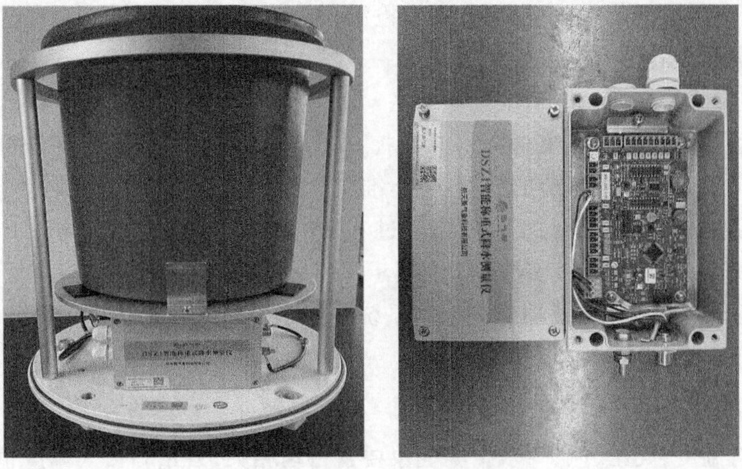

图3.2 智能称重式降水测量仪

（5）智能翻斗雨量测量仪

智能翻斗式雨量测量仪由翻斗式雨量传感器、测量电路、监测电路、处理器、供电电路、电源接口和RS232接口组成。测量电路包含采集模块，处理器包括：MCU控制单元、数据存储器、程序存储器、驱动电路、时钟等。智能翻斗式雨量测量仪见图3.3。

图 3.3 智能翻斗式雨量测量仪

雨水通过一个面积为 314 cm^2 的承雨口汇集，雨水无论雨强大小，先在上翻斗积蓄起来，然后再以相对恒定的雨强进入计数翻斗，循环运转；计数翻斗上安装有磁铁，当翻斗进行翻转的瞬间，产生一个开关量信号，等同于 0.1 mm 降水量。通过智能集成处理器，可实现对降水量的自动化测量。

智能雨量测量仪的特点为：雨量观测要素自动采集、存储、处理和输出；检测点均采用电阻式检测，可检测到雨滴下落；多个检测点动态检测、相互结合，实现对自身各状态实时监测；可与智能集成处理器或者计算机进行交互。

(6)降水多传感器标准控制系统

降水多传感器标准控制系统由降水标准控制器、3 个翻斗雨量传感器等组成。降水融合控制器采集 3 个翻斗雨量传感器的数据，经标准化算法确定实时降水量值，将实时降水量值、各传感器降水量采集值以及设备工作状态通过 CAN 总线发送到主采集器。

降水多传感器标准控制系统包括：3 个翻斗式雨量传感器、降水多传感器标准控制器、通信接口和外围设备等。降水多传感器标准控制系统中 3 个翻斗式雨量传感器两两相距 1.5 m，呈等边三角形分布。

3.1.3.2 多源观测数据综合判识

天气现象与温度、气压、风、降水量等气象要素密切相关，云量和云底高度也可通过卫星遥感和气象要素计算等手段获取，地基云地闪探测网已基本覆盖全国，风云四号卫星中闪电成像仪也投入业务运行，具备雷暴现象综合判识能力。通过应用卫星、探空、自动气象站、闪电探测、闪电成像等多源数据，结合模式再分析产品，可实现云量、云高、地面凝结现象（露、霜、雨凇、雾凇）、视程障碍现象（雾、轻雾、霾、浮尘、扬沙、沙尘暴）以及雷暴、积雪、结冰、雪深和雪压、冻土等项目的综合判识。多源观测数据综合判识涉及天气现象视频智能观测仪等观测设备。

天气现象视频智能观测仪是应用计算机视觉和深度学习技术，对视频采集器拍摄的天气现象(或气象要素)实现自动观测识别。天气现象视频智能观测仪可自动识别云量、云状、地面凝结现象(霜、露、雨凇、雾凇)、结冰、积雪和雪深等天气现象(气象要素),后期可扩展至低云量、云高、电线积冰、视程障碍现象(轻雾、雾、霾、浮尘、扬沙、沙尘暴)。

天气现象视频智能观测仪由视频采集器、数据处理单元、通信单元、供电单元和附件等组成。数据处理单元由控制处理器和存储单元组成,控制处理器是由CPU、GPU、内存等组成的嵌入式AI计算机,控制处理器内置了嵌入式识别软件和控制管理软件,用于天气现象(气象要素)的自动观测识别和设备控制管理,负责处理采集的视频和图片等信息,进行数据质量控制、数据运算处理和记录存储。视频采集器由多个摄像机组成,根据观测对象特点和需要,一般由1个鱼眼镜头高清摄像机和2～5个定焦或变焦镜头高清摄像机组成。现用组合方式为分离式视频采集器组,由1个独立鱼眼镜头高清摄像机、1个定焦镜头高清摄像机和1个变焦镜头高清摄像机组成。天气现象视频智能观测仪相关内容详见《天气现象视频智能观测仪技术要求(试行)》(气测函〔2019〕49号)。

3.1.3.3 地面凝结现象

地面凝结现象的综合判识包括露、霜、雨凇、雾凇4个项目。露、霜、结冰现象的发生、维持与近地面的气象要素密切相关。利用地面观测资料,选取模型变量,构建基于统计判别方法的判识模型,可实现基于气象要素的露、霜、结冰现象判识。雨凇、雾凇的形成机制有很多相似之处,特别是在高山站,雨凇、雾凇一般相伴出现混合凇。

3.1.3.4 视程障碍现象

视程障碍现象包括雾、轻雾、霾、扬沙、浮尘、沙尘暴,该类天气现象的发生概率与气温、相对湿度、风速等常规气象要素有一定的关系,利用各类天气现象发生概率随气象要素的变化曲线,确定不同天气现象之间的气象要素分类界限值。利用气象要素上下限阈值和分类界限值,确定不同天气现象的分类指标。对分类指标动态调整,取分类判识命中率评分最高的指标作为最优分类指标,用于雾、轻雾、霾、扬沙、浮尘、沙尘暴的判识。台站地面综合观测业务软件(ISOS)对视程障碍现象综合判识是以10 min滑动能见度作为判识依据,天气现象最小能见度是从现象时段内10 min滑动平均能见度中挑取的最小值,通过气象要素观测值判识公式综合输出视程障碍现象。视程障碍类天气现象判识算法见表3.3。

表3.3 视程障碍类天气现象判识算法表

<table>
<tr><th>判识结果</th><th colspan="2">判识算法</th></tr>
<tr><td>轻雾</td><td rowspan="6">无降水现象</td><td>能见度低阈值≤10 min滑动平均能见度＜能见度高阈值、10 min滑动平均相对湿度≥视程障碍现象相对湿度</td></tr>
<tr><td>雾</td><td>10 min滑动平均能见度＜能见度低阈值,10 min滑动平均相对湿度≥视程障碍现象相对湿度</td></tr>
<tr><td>沙尘暴</td><td>风速≥风速阈值、10 min滑动平均能见度＜能见度低阈值</td></tr>
<tr><td>扬沙</td><td>风速≥风速阈值、能见度低阈值≤10 min滑动平均能见度＜能见度高阈值</td></tr>
<tr><td>浮尘</td><td>风速＜风速阈值、10 min滑动平均能见度＜能见度高阈值、10 min滑动平均相对湿度＜视程障碍现象相对湿度,24 h降温大于等于温差设定</td></tr>
<tr><td>霾</td><td>风速＜风速阈值、10 min滑动平均能见度＜能见度高阈值、10 min滑动平均相对湿度＜视程障碍现象相对湿度</td></tr>
</table>

为了更好地优化视程障碍类天气现象判识算法，观测场增加了 DXC1 型视程障碍现象仪，该设备采用激光散射原理，利用气溶胶光学散射特性，通过测量气溶胶样本的光学衰减来自动完成大气中 PM_{10}、$PM_{2.5}$、PM_1 质量浓度测量，结合气象观测相关要素完成视程障碍现象判识。

视程障碍现象仪按照设定的流量自动完成大气中气溶胶样品的进样，经过除湿后进入激光测量腔，激光照射在气溶胶样品中的悬浮颗粒物上产生散射，同时被某一特定角度的接收器接收。系统根据接收到的散射光脉冲信号频率和强弱，测量颗粒物的个数和粒径大小，再通过密度订正得到样品空气中颗粒物浓度。视程障碍现象仪由进气单元、测量与控制单位、辅助测量单元、流量控制单元、数据处理和传输单元、供电单元、底座和支架组成。

视程障碍现象仪输出的分钟数据，包括 PM_{10} 质量浓度、$PM_{2.5}$ 质量浓度、PM_1 质量浓度、空气温度、空气湿度、大气压力、流量及 C1～C6 通道颗粒物数浓度。

3.1.4　雷电

雷电是发生在大气中伴随着声、光、电的一种自然放电现象，也称为闪电。完整的放电现象持续时间通常在 1 s 以内，可见部分(云外)一般有分叉现象，呈现明显发光闪烁性，远处可听到雷声。雷电现象多出现在强对流天气系统，是指发生在空气中一种瞬态、大电流、高电压、长距离的放电，主要分为云闪和地闪。

云闪发生在同一块云体或在不同云体之间的放电过程。地闪也称为云地闪，指发生于云体与地面之间的放电过程。根据从云到地之间输送的电荷符号，分为负极性、正极性，简称负闪、正闪。雷电自动观测仪器测定的是放电过程发生时间、位置或声、光、电特征。雷电观测包括放电过程发生时间、位置以及极性、峰值电流等电磁场辐射或光辐射特性值。自动观测雷电的仪器主要有地基闪电定位仪。

低频/甚低频闪电定位仪利用两个正交磁环天线，采集远距离的闪电辐射源电磁信号，通过放大滤波，分析波形特征鉴别闪电类别，经过数据处理计算测量闪电辐射源到达闪电定位仪的时间、方位角、磁场峰值、电场峰值等特征参量。

单个闪电定位仪可探测闪电的发生，但不能确定闪电发生位置和时间，闪电定位系统需要通过间距合理的多个闪电定位仪组网来定位计算。目前，常见的多站组网定位方法主要有磁方向法、到达时间差法和时差测向混合法。描述闪电定位系统性能的参数主要有定位误差(一般为 km 量级)和探测效率(在给定地区观测到的闪电与实际发生闪电的比例，通常以百分数表示)。需要利用地面实况资料对这两个特性进行评估。

闪电定位仪主要由支柱和仪器舱两部分组成，支柱是一根厚壁钢管，底部有安装盘。仪器舱安装在它的顶端。仪器舱是一个组合部件，由天线部件、电子盒、电源盒、内部连接电缆、密封圈以及保护罩组成。仪器舱被 4 颗特殊螺钉固定在支柱顶端的槽内，固定螺钉松开后，整个仪器舱可以用手转动，以便安装时校准天线部件的正北方向。在仪器舱的安装托盘上，设计有泄压阀，用于平衡罩内外的气压。仪器舱实时监测电磁脉冲信号，甄别出雷电信号，进行处理计算，获得波形到达的准确时间、方位角、磁场峰值、电场峰值等相关特征参数，并实时发送。

3.1.5　气压

气压是作用在单位面积上的大气压力，即等于单位面积上向上延伸到大气上界的垂直空气柱的重量。气压观测包括分钟本站气压、小时本站气压、小时最高(低)本站气压及出现时间、日最高(低)本站气压及出现时间,计算小时海平面气压,气压以百帕(hPa)为单位,取1位小数。气压国际制单位为帕斯卡,简称帕(Pa)。自动观测气压的仪器主要有硅电容式数字气压传感器、振筒式气压传感器等。

3.1.5.1 硅电容式数字气压传感器

硅电容式数字气压传感器的感应元件是电容式硅膜盒,其结构原理如图3.4所示。当外界气压发生变化时,单晶硅膜盒的弹性膜片发生形变,进而引起硅膜盒平行电容器电容量改变,通过测量电容量来计算本站气压。其额定工作电压为DC12 V,通过RS-232交互方式输出信号。

压力测量电路是由电阻器、电容器和RC震荡电路模块组成的RC振荡器构成。为进一步提高测量性能,有些气压传感器还具有温度补偿功能。其外观示意见图3.4。

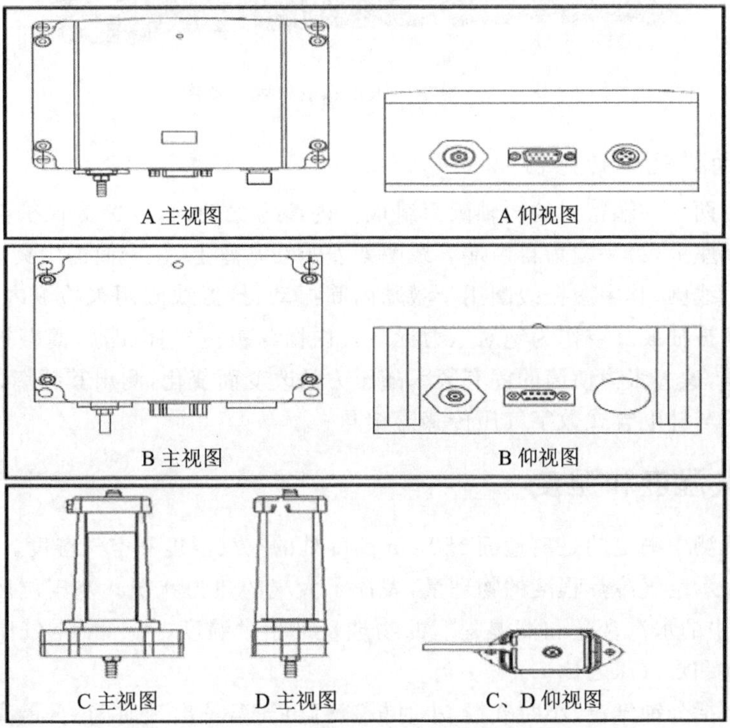

图3.4 气压传感器外观示意图

气压传感器安装于主采集箱内,通过RS-232串口与主采集器连接,气压传感器感应中心距地高度为120 cm。气压传感器安装完成后,需配置正确的通信参数(波特率、数据位、停止位、校验位),方能与主采集器正常通信。

3.1.5.2 智能气压测量仪

智能气压测量仪由压敏元件、测量电路、监测电路、处理器、供电电路、电源和RS232接口组成。压力传感器元件采用沟槽蚀刻硅谐振技术,把压力转换为频率信号。信号智能处理电路集信号采样、数据计算、数据质控、数据存储、故障检测、数据通信等功能于一体。电源电路提供仪器所需的电源宽压输入,保证设备工作稳定。智能气压传感器外观见图3.5。

智能气压测量仪的特点为：

①高精度，全工作温度范围内气压测量准确度 0.15 hPa。

②高稳定性，年稳定性 0.15 hPa/a。

③高适用性，宽工作温度范围 −60～60 ℃，宽测量范围 450～1100 hPa，适应高寒高海拔地区使用。

④高智能化，具备自采集、自处理、自质控、自检测、自存储等功能。

图 3.5　智能气压传感器外观示意图

3.1.5.3　振筒式气压传感器

该传感器由两个一端密封的同轴圆筒组成。内筒为振动筒，外筒为保护筒。两个筒的一端固定在公共基座上，另一端为自由端。线圈架安装在基座上，位于筒的中央。线圈架上相互垂直地装有两个线圈，其中激振线圈用于激励内筒振动，拾振线圈用来检测内筒的振动频率。两筒之间的空间被抽成真空作为绝对压力标准。内筒与被测气体相通，筒壁被作用在筒内表面的压力所张紧，这一张力使筒的固有频率随压力的改变而变化，测出其频率即可计算出本站气压。安装维护与硅电容式数字气压传感器相同。

3.1.6　空气温度和湿度

地面气象观测中测定的是离地面 150 cm 高度处的空气温度和空气湿度。空气温度（简称气温，下同）是表示空气冷热程度的物理量，表征了大气的热力状况。空气湿度（简称湿度，下同）是表示空气中的水汽含量和潮湿程度的物理量。相对湿度（U）——空气中实际水汽压与当时气温下的饱和水汽压之比。

气温观测包括分钟气温、小时气温、小时最高（低）气温及出现时间、日最高（低）气温及出现时间。气温以摄氏度（℃）为单位，取 1 位小数；湿度观测包括分钟相对湿度、小时相对湿度、小时最小相对湿度及出现时间、日最小相对湿度及出现时间。相对湿度以百分数（%）表示，取整数。自动观测空气温度和空气湿度的仪器主要有铂电阻温度传感器、气温多传感器标准控制系统和湿敏电容湿度传感器等。

3.1.6.1　百叶箱

百叶箱用于安装铂电阻温度传感器和湿敏电容湿度传感器，内外均为白色。百叶箱的作用是防止太阳对仪器的直接辐射和地面对仪器的反射辐射，保护仪器免受强风、雨、雪等的影响，并使仪器感应部分有适当的通风，能真实地感应外界空气温度和湿度的变化。

3.1.6.2　铂电阻温度传感器

铂电阻温度传感器利用金属铂在温度变化时自身电阻也随之改变的特性来测量温度，其准确度和稳定性依赖于铂电阻元件的特性。

铂电阻温度传感器通常采用 Pt100 电阻，0 ℃时的电阻值为 100 Ω，电阻变化率约为 0.385 Ω/℃。采用四芯屏蔽信号线从敏感元件引出用于测量，使用四线制测温原理，以减少导线电阻引起的测量误差。带标准电阻的四线制电阻测温原理。气温传感器一般由精密级铂电阻元件和经特殊工艺处理的防护套组成，其组成结构见图 3.6。

图 3.6　温度传感器组成结构图

气温传感器安装在百叶箱内的专用支架上，专用支架固定于百叶箱箱底中部。气温传感器感应部分垂直向下，固定在支架东侧相应位置上，感应元件的中心部分距地高度 150 cm。传感器电缆要连接、固定牢靠。温、湿度传感器在百叶箱内安装位置。

3.1.6.3　气温多传感器标准控制系统

气温多传感器标准控制系统由气温融合控制器、3 支气温传感器等组成。气温标准控制器采集 3 支气温传感器的数据，经标准化算法确定实时气温值，将实时气温值、各传感器气温采集值以及设备工作状态通过 CAN 总线发送到主采集器。

气温多传感器标准控制系统包括 3 支气温传感器、气温多传感器标准控制器、通信接口和外围设备等，其硬件结构示意图见图 3.7。

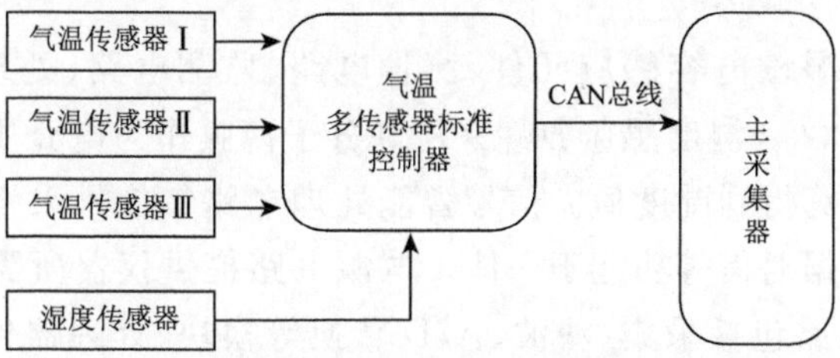

图 3.7　气温多传感器标准控制系统硬件结构示意图

温度测量传感器采用铠装 Pt100 铂电阻温度传感器，并采用 ITS-90 温标。气温多传感器标准控制器的标准控制器面板上的状态指示灯可以显示设备工作状态。气温多传感器标准控制系统的安装要求为：安装在现有百叶箱内正中位置安装温湿度传感器支架上，支架均匀分布有 8 个孔。3 支气温传感器安装在支架上的正东、正北、正南（其中正东为气温传感器Ⅰ，正北为气温传感器Ⅱ，正南为气温传感器Ⅲ），1 支湿度传感器安装在支架上的正西，如需增加气温、湿度传感器，可安装在东北、东南、西北、西南 4 个方位。

3.1.6.4　湿敏电容湿度传感器

湿敏电容湿度传感器的感应元件为湿敏电容，一般是用有机高分子薄膜电容制成，当环境湿度变化时，吸湿膜吸收或释放空气中的水汽，电容两极板间的介电常数发生改变，电容量随之改变，经过核查即可建立测量元件电容量与空气湿度的函数关系，湿度传感器通常由感应部件和外套管组成，感应部件位于杆头部。

湿度传感器安装在百叶箱内的专用支架上，专用支架固定于百叶箱箱底中部。湿度传感器感应部分垂直向下，固定在支架西侧相应位置上，感应元件中心距地高度 150 cm。传感器电缆要连接、固定牢靠。注意湿度传感器启用前取下感应部分保护套。

3.1.6.5 智能气温测量仪

智能气温测量仪由铂电阻感应元件、测量电路、监测电路、处理器、供电电路、电源和 RS232 接口组成，见图 3.8。测量电路包括采集、滤波、A/D 转换和校准电路等模块，处理器包括 MCU 控制单元、数据存储器、程序存储器、驱动电路、时钟等。信号智能处理电路集信号采样、数据计算、数据质控、数据存储、故障检测、数据通信等功能于一体。

智能气温测量仪的特点为：

①高精度，气温测量准确度±0.1 ℃。

②高稳定性，稳定性达±0.1 ℃/(2 a)。

③高适用性，宽工作温度范围－60～60 ℃，适应高寒地区使用。

④高智能化，具备自采集、自处理、自质控、自检测、自存储等功能。

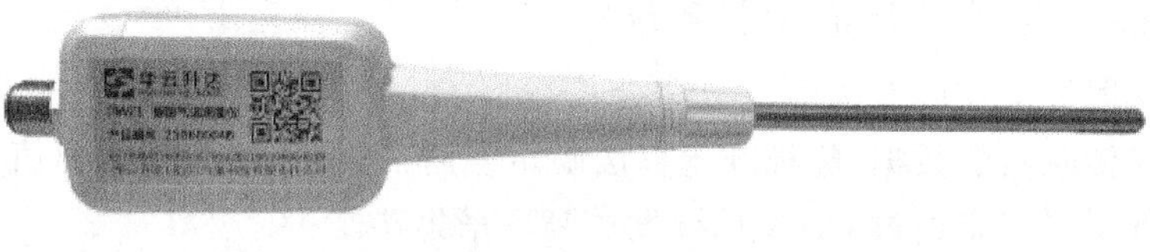

图 3.8　智能气温测量仪(华云)

3.1.6.6 智能湿度测量仪

智能湿度测量仪由湿敏电容感应元件、测量电路、监测电路、处理器、供电电路、电源和 RS232 接口组成，见图 3.9。湿度感应原件采用高分子薄膜作为电介质制成电容，测量湿敏电容两端的电压值即可换算得到湿度值。信号智能处理电路集信号采样、数据计算、数据质控、数据存储、故障检测、数据通信等功能于一体。电源电路提供仪器所需的电源宽压输入，保证设备工作稳定。测量电路包括采集、滤波、A/D 转换等模块，处理器包括 MCU 控制单元、数据存储器、程序存储器、驱动电路、时钟等。

智能湿度测量仪的特点为：

①高精度，湿度测量准确度±2%RH(5%～80%)，±3%RH(>80%)。

②高稳定性，年稳定性均在最大允许误差范围内。

③高适用性，宽工作温度范围－60 ～60 ℃，适应高寒地区使用。

④高智能化，具备自采集、自处理、自质控、自检测、自存储等功能。

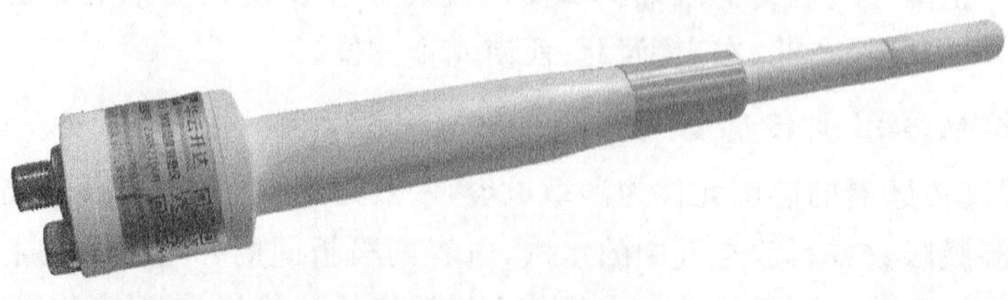

图 3.9　智能湿度测量仪

3.1.7 风向和风速

空气运动产生的气流，称为风。它是由许多在时空上随机变化的小尺度脉动叠加在大尺度规则气流上的一种三维矢量。地面气象观测中测量的风是二维矢量(水平运动)，用风向和风速表示。风向是指风的来向。风速是指单位时间内空气移动的水平距离。

自动观测风向和风速的仪器主要有单翼风向传感器、光电式风杯风速传感器、霍尔效应风杯风速传感器、螺旋桨式风传感器和超声风传感器等。

风速的平均量是指在规定时间段内风速的平均值，瞬时风速是指 3 s 平均风速，极大风速是指某个时段内出现的最大瞬时风速值，最大风速是指在某个时段内出现的滑动 10 min 平均风速最大值。瞬时、极大、最大风向是指瞬时、极大、最大风速所对应的风向。风速≤0.2 m/s(静风)时，风向记 C。

风向和风速观测包括 3 s、2 min、10 min 的平均风速和对应的风向；小时最大风速、风向及出现时间；小时极大风速、风向及出现时间；日最大风速、风向及出现时间；日极大风速、风向及出现时间。风向以度(°)为单位，取整数。风速以米/秒(m/s)为单位，取 1 位小数。

3.1.7.1 风杯风速传感器

光电式风杯风速传感器采用光电技术，其信号发生器包括截光盘和光电转换器。风杯转动时，通过主轴带动截光盘旋转，光电转换器进行光电扫描产生相应的脉冲信号。在风速测量范围内，风速与脉冲频率成一定的线性关系。

霍尔效应风杯风速传感器采用电磁感应技术，其信号发生器采用霍尔开关电路，内有 36 只磁体，上下两两相对。风杯转动时，通过主轴带动磁棒盘旋转，18 对磁体形成 18 个小磁场。风杯每旋转一圈，在霍尔开关电路中就感应出 18 个脉冲信号。在风速测量范围内，风速与脉冲频率成一定的线性关系。风横臂按南北向水平架设在牢固的风塔(杆)上，把组装好的风速传感器安装在风横臂上，传感器中轴应垂直，风速传感器在南侧，风杯中心距地高度 10～12 m。

3.1.7.2 智能风测量仪

智能风测量仪由风杯风速感应元件、单翼风向感应元件、测量电路、监测电路、处理器、供电电路、电源和 RS232 接口组成，见图 3.10。风向测量是利用一个低惯性的风向标作为感应部件。风速测量是利用一个低惯性的风杯作为感应部件。信号处理电路集信号采样、数据计算、数据质控、数据存储、故障检测、数据通信等功能于一体。测量电路包括：采集、脉冲整形、信号转换电路

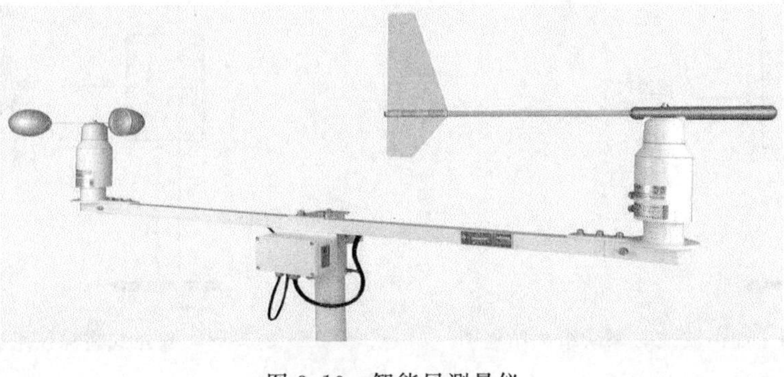

图 3.10 智能风测量仪

等模块，处理器包括：MCU 控制单元、数据存储器、程序存储器、驱动电路、时钟等。

智能风测量仪的特点为：

①高准确度，风向测量准确度±3°，风速准确度 0.1 m/s。

②高稳定性，年稳定性均在最大允许误差范围内。

③高智能化，具备自采集、自处理、自质控、自检测、自存储等功能。

3.1.8 雪深

雪深是指从积雪表面到地面的垂直深度。雪深观测包括分钟雪深和小时雪深。雪深以厘米(cm)为单位，取整数。自动观测雪深的仪器主要有超声波式雪深仪、激光式雪深仪等。雪深仪利用发射波束(光波、声波或电磁波等)遇到障碍物反射回来的特性测量雪深。

3.1.8.1 超声波式雪深仪

通过测量超声波脉冲发射和返回的时间计算测距探头到目标物的距离，实现雪深的自动连续监测。其核心测距部件是 50 kHz(超声波)压电传感器，并配置有温度传感器和通风辐射屏蔽罩进行温度补偿，用来修正声波速率随气温变化引起的误差，提高测量准确性。超声波式雪深仪组成结构图见图 3.11。

3.1.8.2 激光式雪深仪

激光式雪深仪采用相位法测距，用无线电波段频率对激光束进行幅度调制并测定调制光往返测线一次所产生的相位延迟，再根据调制光的波长，换算此相位延迟所代表的距离。雪深仪由测距探头、处理控制单元和安装支架等组成。激光式雪深仪组成结构图见图 3.12。雪深传感器相关内容详见《雪深自动观测规范(试行)》(气测函〔2012〕278 号)。

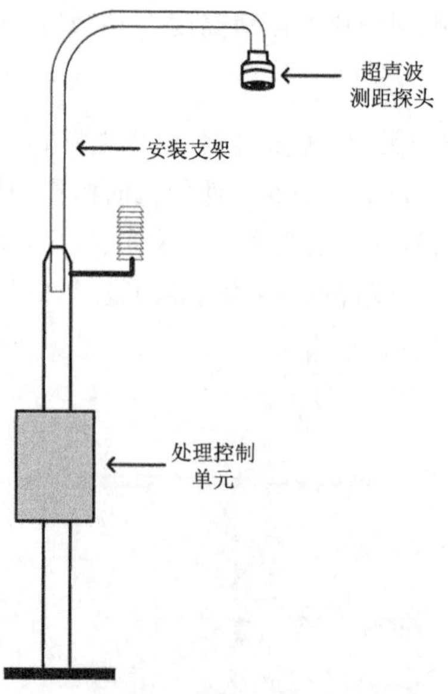

图 3.11 超声波式雪深仪组成结构图

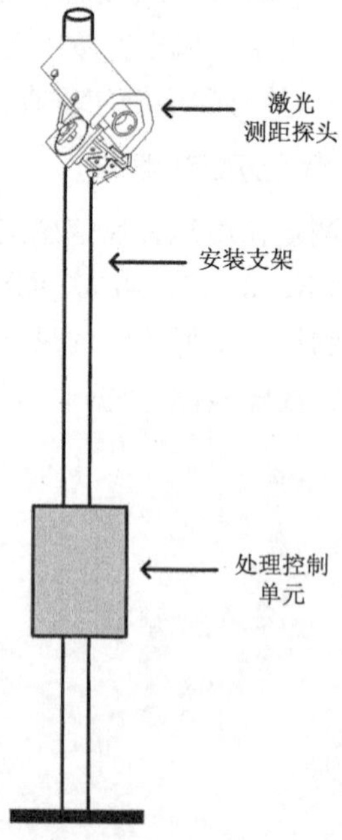

图 3.12 激光式雪深仪组成结构图

3.1.9 蒸发

蒸发量是水面蒸发量，是指一定口径的蒸发器，在一定时间间隔内因蒸发而失去的水层深度。蒸发量观测包括分钟蒸发量、小时累计蒸发量、日累计蒸发量。

蒸发量以毫米(mm)为单位，取1位小数。自动观测蒸发采用超声波蒸发传感器，该传感器基于连通器和超声波测距原理，选用高精度超声波探头，根据超声波脉冲发射和返回的时间差来测量水位变化，并转换成电信号输出，计算某一时段的水位变化即得到该时段的蒸发量。蒸发器由蒸发桶、水圈、连通管、测量筒、超声波传感器、通风防辐射罩和溢流桶等部件组成，蒸发桶用白色玻璃钢制成，是一个器口面积为 3000 cm^2、有圆锥底的圆柱形桶，器口为圆形，口缘为内直外斜的刀刃形，在桶壁上开有溢流口。水圈用白色玻璃钢制成，由 4 个相同的宽 20 cm 的弧形水槽组成，安装在蒸发桶四周，每个水槽的壁上开有排水孔。

水圈内的水面应与蒸发桶内的水面接近，其作用一是减小太阳辐射对蒸发量的影响；二是减小降水对蒸发量的影响。百叶箱或蒸发传感器通风防辐射罩用白色玻璃钢制成，用于安装超声波传感器和测量筒，其作用是减少太阳对超声波传感器的辐射，以提高超声波传感器的测量精度。测量筒用不锈钢制成，与蒸发桶连接组成一个连通器，使测量筒的水位和蒸发桶一致。连通管可消除蒸发桶内水面波动对测量结果造成的影响，减小测量误差。超声波传感器安置在测量筒上，根据超声波测距的原理，精确测量出测量筒内水面高度，根据两个时刻的水位差计算出该时段内的蒸发量。溢流桶是承接因降水较大时由蒸发桶溢出降水的圆柱形盛水器，可用镀锌铁皮或其他不吸水的材料组成。桶的横截面以 300 cm^2 为宜，溢流桶应放置在带盖的套箱内，其剖面图见图 3.13。

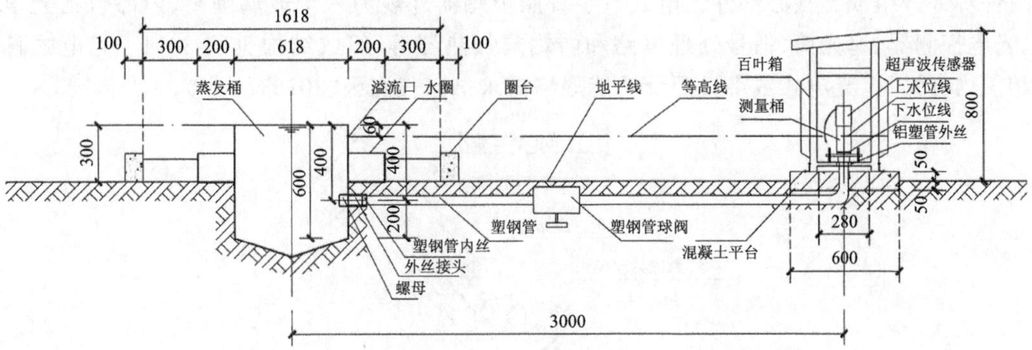

图 3.13 超声波蒸发传感器剖面图(单位:mm)

通风防辐射罩位于蒸发桶北侧，门朝南，两者中心相距 3 m。安装蒸发桶时，力求少挖动原土。蒸发桶口缘应水平，并高出地面 30.0 cm。防塌圈的外径应为 181.8 cm，内径应为 161.8 cm。向蒸发桶内注水时，应特别注意将连通器管道内的空气完全排出，以免影响测量的准确性。水圈与蒸发桶必须密合，其高度应低于蒸发桶口缘 5.0～6.0 cm。水圈与地面之间的土圈应取与坑中土壤相接近的土壤填筑，其高度应低于蒸发桶口缘约 7.5 cm。

3.1.10 日照

日照时数是太阳在一地实际照射的时数。在一给定时段内太阳直接辐照度大于或等于120 W/m²的各分段时间总和。可照时数是在无任何遮蔽条件下，太阳中心从某地东方地平线到进入西方地平线，其光线照射到地面所经历的时间。

3.1.10.1 日照观测

日照观测包括分钟日照时数、小时累计日照时数和日累计日照时数。小时累计日照时数以分钟(min)为单位，取整数；日累计日照时数以小时(h)为单位，取1位小数；日照百分率以百分比(%)计算，取整数。日照自动观测设备主要通过传感器以一定的采样频率采集太阳辐射信号，由其内部数据处理模块计算出太阳直接辐射，判断输出日照时数。自动观测日照的仪器主要是光电式数字日照计和直接辐射表。

3.1.10.2 光电式日照计

日照传感器采用置于光学镜筒中的3个同轴光电感应器对总辐射和散射辐射进行自动连续观测，根据计算出的直接辐照度判断有无日照。3个带有圆柱形漫射器的光电管D1、D2、D3分别安置在同一轴线上，并通过遮光罩及其入射窗W1、W2对入射到D2、D3上的辐射进行约束，光电管D1在360°的环形范围内接收总辐射。D2和D3接收环形范围内不同方向上的辐射，而太阳直接辐射只能照射到D2、D3中的一只，其中较小的输出值即为散射辐射。直接辐射为总辐射和散射辐射的差值，若直接辐照度≥120 W/m²则算作有日照，把时间累计，得到每小时和每天的日照时数。

光电式数字日照计主要由光电式数字日照传感器、数据处理单元、供电单元、通信单元、安装附件等部分组成。核心部件光电式数字日照传感器外观为一个玻璃圆筒，内部包括光学镜筒、光电探测器、遮光筒、信号处理电路和防霜露加热器等，组成结构见图3.14。光电式日照计相关内容详见《光电式数字日照计功能规格需求书》(气测函〔2016〕70号)。

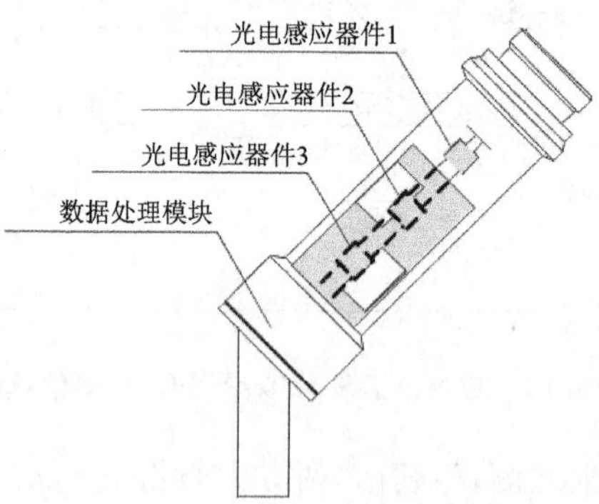

图3.14 光电式数字日照传感器组成结构图

3.1.11 地温

下垫面温度和不同深度的土壤温度统称地温。下垫面温度包括裸露土壤表面的地面温度、草面(雪面)温度。不同深度的土壤温度统称地中温度，主要包括离地面5 cm、10 cm、15 cm、20 cm深度的浅层地温及离地面40 cm、80 cm、160 cm、320 cm深度的深层地温。

地温观测包括分钟(小时)地面温度、草面(雪面)温度、浅层地温、深层地温以及地面温度、草面(雪面)温度的小时和日最高、最低值及对应的出现时间。地温以摄氏度(℃)为单位,取1位小数。自动观测地温的仪器主要是铂电阻地温传感器。

铂电阻地温传感器的性能、原理和组成结构与铂电阻气温传感器相同,但外形较粗,时间常数较大。地面温度和浅层地温传感器的安装场地位于观测场西南侧,为200 cm(南北向)×400 cm(东西向)疏松平整的裸地。地面温度和浅层地温传感器安装在专用支架上,支架中心位于地温场东西向中心线上、南北向中心线东侧20 cm处(如果安装双套自动站,备份站传感器位于西侧20 cm处)。支架的零标志线与地面齐平,传感器感应部分朝南。地面温度传感器一半埋入土中,一半露出地面。埋入土中的感应部分与土壤必须密贴,不可留有空隙,露出地面的感应部分要保持干净。深层地温传感器安装场地位于观测场的东南侧,为300 cm(南北向)×400 cm(东西向)的自然场地(有自然覆盖物,不长草的地区除外)。自东向西分别为40 cm、80 cm、160 cm、320 cm,传感器之间间隔50 cm,安装在同一条直线上。

安装双套自动站的台站,备份站深层地温传感器安装要求与现用传感器相同,位于现用传感器南侧50 cm处。

草面(雪面)温度传感器安装在地面温度和浅层地温场西侧50 cm处,草地面积约1 m^2。传感器安装在距地6 cm高度处,并与地面大致平行,感应部分朝南。当有积雪但未淹没传感器时,继续进行观测。当积雪淹没传感器时,将传感器置于原来位置的雪面上,这时测量雪面温度,并备注起止时间。积雪融化后,继续观测草温。观测场无草层的台站,仍按上述方法观测。

3.1.12　冻土

冻土是指含有水分的土壤因温度下降到0 ℃或以下而呈冻结的状态。冻土的形成和维持与地温密切相关。冻土观测包括土壤冻结层次和冻结深度,冻结层次以层数(层)为单位,取整数,冻结深度以厘米(cm)为单位,取整数。

冻土自动观测仪是根据含有水分土壤的冻融特性,通过测量水的相态(频域反射、温度反演),采用阈值判断方法测量土壤冻结深度的仪器。目前冻土自动观测主要采用电阻法、电容法和测温法等。冻土自动观测仪根据传感器测量原理不同分为冻阻式冻土自动观测仪、电容式冻土自动观测仪和测温式冻土自动观测仪。

3.1.12.1　冻阻式冻土自动观测仪

冻阻式冻土自动观测仪是利用水的相态发生改变时体积、电阻等物理特性随之变化的原理,通过非纯净水做感应介质,测量相关物理量得到冻结层次和上下限深度。

3.1.12.2　电容式冻土自动观测仪

电容式冻土自动观测仪是利用土壤中水与冰发生相变时介电常数随之改变的特性,通过LC振荡电路频率响应变化,结合频率变化规律和土壤温度建立土壤冻融状态判别模型,获得冻结层次和上下限深度。

3.1.12.3　测温式冻土自动观测仪

测温式冻土自动观测仪是根据水凝结成冰或冰融化成水的温度变化特性,结合冻点确定算法,获得冻结层次和上下限深度。

冻土自动观测仪由软件和硬件两部分组成。软件为嵌入式软件,硬件主要由传感器、数据采集器、供电单元和外围设备等组成，可接入综合集成硬件控制器。冻土自动观测仪功能要求、技术指标及要素编码与数据格式详见《冻土自动观测仪功能规格需求书》。

3.1.13 辐射

气象站的辐射测量，包括太阳辐射与地球辐射两部分。地球上的辐射能来源于太阳，太阳辐射能量的99.9%集中在0.2～10.0 μm的波段，地球辐射是地球表面、大气、气溶胶和云层所发射的长波辐射，波长范围为3～100 μm。

我国辐射观测站分为基准辐射站、一级站、二级站和三级站。其中，基准辐射站观测项目包括总辐射、直接辐射、散射辐射、反射辐射、大气长波辐射、地面长波辐射、紫外辐射、光合有效辐射和净全辐射，基准辐射站辐射观测按照《基准辐射观测业务规范（试行）》（气发〔2007〕484号）进行。辐射一级站观测项目包括总辐射、直接辐射、散射辐射、反射辐射、大气长波辐射、地面长波辐射和净全辐射（计算量）。辐射二级站观测项目包括总辐射、反射辐射、大气长波辐射、地面长波辐射和净全辐射（计算量）。辐射三级站观测项目只有总辐射。辐射一级站、二级站、三级站采用数字式辐射数据采集器对各辐射传感器及配套设备（通风器、太阳跟踪器）数据进行汇集、计算、存储，并形成符合《地面气象观测数据对象字典》要求的辐射数据帧上传至综合硬件控制器。辐射自动观测仪，由辐射表（传感器）与采集器组成。采集器要求每分钟输出1次采样值（实际为1 min内均匀采6次加以平均）。仪器的型式较多，辐射传感器原理、技术性能、设备安装及数据文件要求等相关内容详见《辐射自动观测业务规定》（气测函〔2021〕47号）。

3.2 业务软件

地面台站业务软件包括地面综合观测业务软件（ISOS）、业务站自动值守平台、对时软件、台站传输客户端、北斗通信软件等。

3.2.1 地面综合观测业务软件（ISOS）

地面综合观测业务软件（ISOS）能够实现自动气象观测数据采集、业务处理、数据传输。数据采集模块具备新型自动站常规观测要素，以及云、能见度、天气现象、日照、辐射等气象要素数据采集，视程障碍类天气现象综合判别，采集数据自动质量控制等功能。观测数据业务处理模块面向自动观测数据，实现人工和自动观测交叉型业务运行，优化数据处理、质量控制方法和流程，从而提高综合观测数据的处理能力。数据传输模块通过触发方式实现自动观测数据文件的上传，传输方式包括流传输和FTP传输。

ISOS主要功能有数据收集显示、质量控制、综合判别、数据传输、业务监控、工作管理等。软件中包含实时观测、自定观测项目、查询与处理、设备管理、参数设置、计量信息和帮助等选项。ISOS软件主界面由主菜单栏、台站观测项目挂接树状图和功能操作界面三部分组成。

3.2.1.1 主要操作功能概述

ISOS软件主要功能见表3.4。

表 3.4 ISOS 软件主要功能

功能	组成		主要内容
功能操作界面	首页		常规要素实时显示、数据以及运行状态实时监控
	质控报警		自动观测数据的实时质量控制报警信息
	报警信息		数据质控、运行环境以及系统状态实时监控信息
	要素显示		根据测站实际观测项目及配置情况对所选要素实时显示
	实时观测		包括云、能见度、降水天气现象、视程障碍天气现象和辐射要素等实时数据，20 时至当前时刻天气现象，气压、气温、相对湿度、风、地温、草温要素的极值，降水量、蒸发量的累计值
	测报通信与监控		FTP 报文发送、消息包发送、BUFR 报文发送情况
实时观测	新型自动站、视程障碍判别、云、能见度、天气现象、辐射、日照、基准辐射		查询采集器和各独立挂接传感器的分钟、小时等实时观测数据（设备/质控/订正）
自定观测项目	省级自动与应急观测		正点观测记录质控，并形成正点上传数据文件
	日照数据编报		日照数据维护并形成日照数据上传文件
	重要天气报		编制重要天气报并进行上传
	辐射		辐射 R 文件、辐射小时数据、辐射日数据
	辐射		辐射 R 文件、辐射小时数据、辐射日数据
	酸雨	酸雨日记录薄	记录酸雨日数据，形成酸雨日数据文件，日记录簿打印
		日记录转 S 文件	对全月酸雨日数据文件转换成 S 文件上传
		酸雨环境报告书	编制台站酸雨环境报告书
查询与处理	数据查询	分钟要素查询	查询指定日期的分钟观测数据（设备/质控/订正）
		小时要素查询	查询指定月份的小时常规要素数据（设备/质控/订正），基准辐射订正小时数据，正点基准辐射数据
		数据导出	在指定时段内，选择要素观测值、状态信息导出为 .CSV 格式的文件
		综合查询	指定时段内，跨数据表选择要素观测值、状态信息导出为 .CSV 格式文件，实现数据筛选查询、绘制数据曲线图
		雨滴谱数据查询	查看雨滴谱图
		日统计查询	查看指定日期常规气象要素累计值、平均值、极值以及天气现象信息
	状态查询	常规要素状态查询	查看系统所挂接项目的设备状态
		云、能见度、天气现象、辐射、日照状态查询	查看各设备外接电源、蓄电池电压等工作状态信息
		基准辐射状态查询	查看基准辐射设备外接电源、蓄电池电压等工作状态信息
			查看基准辐射采集器通信状态、机箱温度和各辐射表工作状态信息
		地面综合观测主机	查看地面综合观测主机内存、CPU 使用率等信息
	日志查询		查看各类日志信息
	数据下载		从采集器下载指定时段内的数据到业务机中，可下载数据的最大时间区间为 7 d，若勾选“覆盖正常数据”则会将下载时段内的所有数据进行重新覆盖，若不勾选则只覆盖其中的缺测数据
	数据备份		将数据及配置文件（log 和 metadata 文件、bin 文件下的 Awsnet 和 Config 文件、dataset 文件下的 DateBase 和 Aws 文件）备份到指定的路径下

续表

功能	组成	主要内容
设备管理	设备标定、维护、停用	进行设备标定、维护、停用时，在软件端的操作界面设置，期间的所有数据将置为缺测
	维护终端	通过串口直接交互的方式进行设备的调试，输入规定的命令码读取传感器的内部信息，对内部参数进行设置，如 LONG、TIME 命令码等

3.2.1.2 项目挂接参数设置

项目挂接参数设置中应注意部分设备“独立挂接”和“新型站挂接”的区别；地面观测主机必须挂接；若挂接能见度自动观测设备，视程障碍综合判别项目必须挂接；挂接天气现象自动观测设备时，只需挂接降水类天气现象传感器。

3.2.1.3 台站参数

①设置台站参数时要注意输入格式，在空白处只能输入“汉字”“数字”“字母”“下划线”等，如果出现“＝”等非法字符，参数将无法保存。

②地理环境是台站所处地理环境描述，遇有两个或以上地理环境描述时，用英文半角“;”分隔，如“郊区;山顶”。

③视程障碍现象湿度为自动判别轻雾和霾的相对湿度阈值，台站可根据本地区的实际情况进行设置。

④自定项目参数应按要求切换自动雨量数据来源(结冰期为称重式雨量计、非结冰期为翻斗式雨量计)。

3.2.1.4 自定项目参数

①FTP 通信参数:注意 IP 地址格式要求，录入时增加 ftp://，若要上传某项或多项报文，需勾选报文对应的“是否发送”复选框。

②报文生成设置:BUFR 单轨运行后，“Z 文件”“酸雨”“辐射小时数据”“日照数据”和“日数据”选项不能勾选，其他类型文件可根据需求勾选。

③BUFR 单轨运行后，M_Z 分钟数据文件、Z 文件、酸雨日数据和辐射小时数据对应“是否发送”选项不能勾选。平行观测数据、计量信息、雨滴谱、气溶胶数据、视频智能观测数据必须勾选，其他可根据业务需要勾选。

④平行观测项目自动编发设置:实现以自动观测数据为主的观测项目勾选启用。

3.2.1.5 BUFR 数据发送

需要补发 BUFR 数据时，点击“BUFR 数据补发”按钮获取选择时段内的 BUFR 格式数据文件。注意若有数据补发显示“失败”，需从“…\bin\Send\Sendbak\”备份文件夹中查找需补发的 BUFR 格式数据文件，复制到“…\bin\Send\Data\”接口文件中重新上传。

3.2.1.6 省级自定与应急项目

省级自定与应急观测页面观测数据(包括小时极值及出现时间)的读取顺序为 AWZ.db 数据库文件、H_Z 订正文件、M_Z 订正文件。当数据缺测较多时，需及时应用自动补调(分钟)、自动补调(小时)等功能。

3.2.1.7 各要素录入规则

要素录入规则表见表3.5。

表3.5 要素录入规则

录入方式	要素名称(单位)
原值录入	冻土(cm)、冰雹(mm)、雨凇(mm)、冰雹重量(g)
扩大10倍录入	气压(hPa)、气温(℃)、水汽压(hPa)、露点温度(℃)、风速(m/s)、蒸发(mm)、人工观测能见度(km)、地温(℃)、草温(℃)、降水量(mm)、雪深(cm)、雪压(g/cm^2)

3.2.1.8 ISOS软件的数据查询功能概述

①"数据导出":点击主菜单栏"数据查询"→"数据导出",勾选要素,调整时间,可选择导出相应的数据表,保存为.csv格式文件。

②"综合查询":点击主菜单栏"数据查询"→"综合查询",可查询数据表,该菜单支持导出Excel数据表,进行统计分析。"综合查询"与"数据导出"查询功能不同,"综合查询"支持跨表选取查询要素。

3.2.1.9 BUFR格式文件

中国气象局为了建立全业务流程统一、标准化的气象数据格式,与国际接轨,使用世界气象组织(WMO)推荐的表格驱动码BUFR格式(二进制)编报。国家级地面观测站实时形成地面(辐射)小时数据、地面(辐射)分钟数据、酸雨观测数据和雨滴谱数据BUFR格式文件,地面自动站运行状态和设备运行状态信息、台站元数据描述性数据,使用扩展性强的XML文件格式编报。

BUFR格式数据文件包括地面(辐射)分钟BUFR格式数据文件,地面(辐射)小时BUFR格式数据文件,酸雨BUFR日数据文件等。文件通过国家级地面自动站标准格式数据消息传输客户端实时上传,BUFR报文格式详见地面《气象观测数据对象字典》。

3.2.1.10 ISOS软件结构

ISOS软件根据功能需求进行总体设计,将参数文件、程序文件、数据文件和数据库文件等存放在不同文件夹,ISOS软件结构见表3.6。

表3.6 ISOS软件结构

<table>
<tr><th>文件夹</th><th colspan="2">内容</th><th>备注</th></tr>
<tr><td>ISOS</td><td colspan="2">IIIii.prj</td><td>支持ISOS软件运行的工程文件,若缺少此文件,软件启动时会提示"没有定义台站,系统无法运行"</td></tr>
<tr><td rowspan="3">ISOS\metadata</td><td colspan="3">存放系统运行参数,包括显示参数、设备挂接参数、报警参数、界面配置参数等</td></tr>
<tr><td colspan="2">Baojing.mxl</td><td>报警设置功能的后台文件</td></tr>
<tr><td colspan="2">SMOMain</td><td>设备挂接和设备管理功能的后台文件</td></tr>
<tr><td rowspan="4">ISOS\bin</td><td colspan="3">系统运行的执行程序以及基础动态库存放目录</td></tr>
<tr><td rowspan="3">Awsnet</td><td>YYYYMM</td><td>地面气象要素数据文件(Z文件)、重要天气报(wp)、MDOS分钟文件(M_Z)等存放目录</td></tr>
<tr><td>AR</td><td>酸雨数据上传文件存放目录</td></tr>
<tr><td>Temp</td><td>报文发送临时目录,只有在5个正点时次出现长Z文件</td></tr>
</table>

续表

文件夹	内容		备注
ISOS\bin	Send	Data	地面（辐射、酸雨）BUFR 格式文件，运行状态和设备信息、台站元数据 XML 文件上传目录
		sendbak	上传成功的 BUFR 文件、状态文件备份目录
		YDP	雨滴谱 BUFR 格式数据文件存放目录
		JL	计量信息 XML 格式文件存放目录
		KLW	视程障碍现象仪 BUFR 格式数据文件存放目录
		intelligent weather	视频智能观测仪 BUFR 格式数据文件存放目录
	Config		报文发送配置文件、辐射审核规则库、辐射仪器参数、酸雨仪器参数存放目录
	Log		日志存放目录
ISOS\dataset\省份\区站号	AWS	存放自动化观测采集数据、设备状态数据以及系统运行的数据格式配置文件及系统流程配置文件等，各要素数据存放在以要素英文名命名的文件夹中	
		AWS. script	数据库文件，其中存放了每个小时的正点数据、日数据、日照数据、重要报数据等
		AWS. lib	数据表定义配置文件
	DataBase\AWZ. db		数据库文件，其中存放了每个小时的正点数据、日数据、日照数据、重要报数据等
	smo. loc		保存台站参数、人工录入参数、酸雨参数、质控参数以及分钟、小时历史气候极值等
	QC. loc		降水现象综合判识参数文件

3.2.2 业务站自动值守平台

备份站数据分两路进入主站、备份站串口服务器，主站与备份站数据在主站业务站自动值守平台进行融合，主站业务站自动值守平台占据原始串口，XFrameFree 虚拟串口供主站 ISOS 接收数据，业务值守平台流程图见图 3.15。

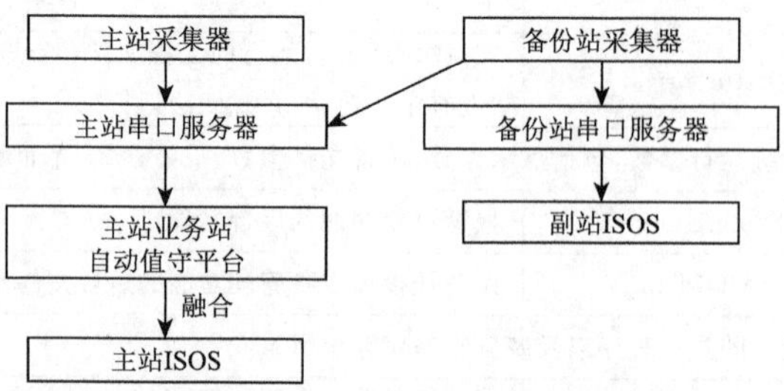

图 3.15　业务值守平台流程图

3.2.3 北斗通信软件

县级气象应急通信系统部署在国家站，采用 C/S 构架，要求为 windows64 位操作系统，在 JDK1.7 环境下运行。目前全疆各台站均部署移动、电信双线路光纤通信，可以实现当其中一路网络故障时，另一路网络保障内网连接。当台站出现移动、电信双线路网络故障时，台站应及时启动北斗应急通信。

3.3 应急气象观测

地面气象应急观测一般由新疆维吾尔自治区气象台或应急与减灾处提出，观测与网络处负责组织。因专项气象服务或科研需要开展的地面气象应急观测，由承担单位与相关地（州、市）气象局协调后，可向观测与网络处提出申请，国家气候观象台、国家基准气候站、国家基本气象站和国家气象观测站根据指令开展应急加密观测。地面气象应急观测分按指令启动和自动启动两种方式。应急气象观测相关内容详见《新疆维吾尔自治区气象局关于全疆地面气象观测自动化改革正式业务运行的通知》（气发〔2020〕31 号）。业务应急观测流程图见图 3.16。

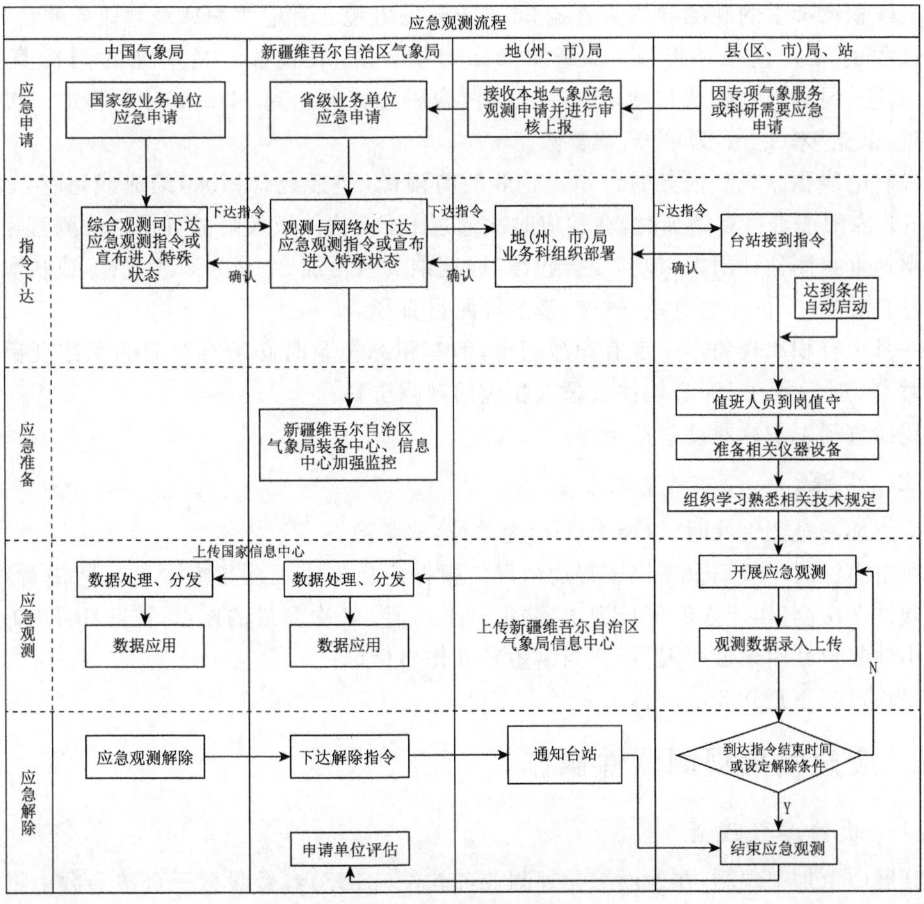

图 3.16 业务应急观测流程图

3.3.1 应急气象观测流程

应急气象观测信息表见表 3.7。

表 3.7 应急气象观测信息表

启动方式	启动条件	观测指令	观测项目
指令启动	气象灾害应急响应、中国气象局宣布进入特别工作状态时； 重大灾害性天气过程预报服务、重大活动气象保障服务、专项气象服务或科研、其他经批准需要开展时进行启动应急加密观测	申请发布 执行解除	总云量、云高、露、霜、结冰、雨凇、雾凇、积雪、电线结冰、雪深、最大冰雹的最大直径和最大平均重量
自动启动	遇有强对流天气，本区域内已发布预警信号提及可能出现龙卷、冰雹时，台站应随时做好应急观测准备	当台站出现时，随时启动观测	冰雹、龙卷

3.3.2 应急气象观测项目

3.3.2.1 电线积冰

①电线积冰架上的观测导线为直径 26.8 mm 的电缆。有电线积冰观测任务的台站，应伺机测定过程的最大直径和厚度，以毫米(mm)为单位，取整数。当单纯的雨凇直径达到 38 mm、雨凇、湿雪冻结物或包括雾凇在内的混合积冰直径达到 31 mm 时须测定一次积冰的最大重量，以克/米(g/m)为单位，取整数。

②没有电线积冰观测任务的台站，当 08 时有雨凇(包括混合积冰)结成或留存，14 时、20 时过去 6 h 内雨凇直径有增加时，在相应时次通过 ISOS 软件录入雨凇直径。估测直径方法是在开阔裸地上目测估计雨凇(包括混合积冰)厚度乘 2 后再加 27 作为雨凇直径，或从测站附近选取自身直径约 27 mm 的电缆、树枝、蔓茎等测量直径。

③一日中有积冰现象不一定有积冰记录，但有积冰记录时必须有对应的积冰现象。有积冰记录时，20 时后须在 ISOS 软件中录入相应的观测资料。

④积冰直径≥积冰厚度≥27 mm。

3.3.2.2 雪深

①应急加密观测雪深时，以厘米(cm)为单位，取整数。

②测定雪深时一般用量雪尺或普通米尺。根据应急加密观测指令要求时间进行观测，每次观测须作 3 次测量，记入值班日记中，并求其平均值。3 次测量的地点，彼此相距 10 m 以上(丘陵、山地气象站因地形所限，可适当缩短)，并作出标记。

③平均雪深不足 0.5 cm 时，记 0。

3.3.3 应急气象观测软件操作

3.3.3.1 软件参数设置

①开展应急加密观测，在地面综合观测业务软件(ISOS)参数设置—台站参数中将电线积冰设为“人工”。

②开展应急加密观测，在地面综合观测业务软件（ISOS）参数设置—自定项目参数—选项设置—应急加密观测中勾选开启加密—勾选加密项目（冻土、云、雪、能见度、电线积冰）。

③应急加密观测中编发重要报参数设置：地面综合观测业务软件（ISOS）参数设置—自定项目参数—选项设置—检查重要报发报标准。

④重要报发送：地面综合观测业务软件（ISOS）参数设置—自定项目参数—选项设置—FTP 通信参数—重要天气报—查看勾选是否发送—检查 FTP 服务器地址、用户名、密码。

3.3.3.2 应急气象观测软件录入

①根据应急加密观测指令要求时间进行观测，“省级自定与应急观测”中选择加密周期后在“云”一栏中按实况录入总云量、云高。

②露、霜、结冰、积雪则直接在“省级自定与应急观测”中“天气现象”一栏录入，露、霜、结冰、积雪不记起止时间，录入天气现象即可。

③在定时观测时次，通过“省级自定与应急观测”中“重要天气值”录入雨凇直径，取整数。

④有电线积冰时，20 时在“省级自定与应急观测”中“电线积冰”栏点击“打开录入窗口”，在现象符号中选择“雨凇”“雾凇”或“雨凇雾凇”，按规定在南北（东西）向的直径、厚度、重量、气温、风向和风速栏输入相应值，风向、风速值为 2 min 风向、风速值。

⑤在 08 时、14 时、20 时整点前半小时（31—00 分）内观测到冰雹，则在 08 时、14 时、20 时在“省级自定与应急观测”中“重要天气值”录入冰雹直径和冰雹重量。

3.3.4 应急气象观测重要报文编发

当出现大风、龙卷、冰雹、雷暴和视程障碍现象（霾、浮尘、沙尘暴、雾）等天气时，应编发重要报，雷暴、龙卷两种天气现象，应记录在值班日记中作为编发标准。《地面气象应急观测管理办法》文件中提到“遇有强对流天气，本区域内已发布预警信号提及可能出现龙卷、冰雹时，台站应随时做好应急观测准备，台站出现龙卷、冰雹时，应按照《地面气象观测规范》和相关技术规定及时开展观测，并编发重要天气报”。

3.3.4.1 重要报编发规定

①不定时编发，即观测到编发项目中所列现象达到发报标准时，就应在 10 min 内编发出重要天气报告。

②当同时有两种或两种以上重要天气现象达到发报标准（包括前一种现象的报还没有发出，又有一种或几种现象达到发报标准）时，合并编发一份重要天气报告，各有关电码组一一编发。此时，0 段中的 GGgg 编报最后一种现象达到发报标准的时间。

③在 08 时、14 时、20 时整点前半小时（31—00 分）内观测到冰雹达到发报标准时，其相关内容合并在正点长 Z 文件中，不另发重要天气报。

④20 时 01 分—07 时 30 分，出现时间可以确定且在编发时效内的重要天气现象，尽量编发；不能确定具体时间的可不编发。

⑤20 时 01 分—07 时 30 分出现但未编发重要报且持续到 07 时 30 分之后的重要天气现象，如达到始发或续发标准，则龙卷以 07 时 31 分为发报时间编发；冰雹现象合并在 08 时长 Z 文件中，不单独编发。

⑥“龙卷”现象出现时，应编发重要天气报，不在 08 时、14 时、20 时人工观测时合并上传。

3.3.4.2 冰雹、龙卷重要报编发原则

①“冰雹”随降随化或来不及测量时，可目测估计其直径编报。“冰雹”的电码组：939 nn，nn 为最大冰雹的最大直径，以毫米(mm)为单位编报。冰雹直径≥99 mm，nn 编报 99，编发标准为测站内出现冰雹(始发)，同次过程中，冰雹直径增大 10 mm 或以上(续发)，即始发标准 0 mm，续发标准＋10 mm。

②龙卷重要报始发：在测站或视区内只要出现龙卷就要编发龙卷重要报始报，龙卷重要报续发：又有另一个龙卷出现，就要编发龙卷重要天气报续报。“龙卷”的电码组：919 M_wDa，M_w 指海龙卷和陆龙卷(新疆发生的龙卷为陆龙卷)，Da 指龙卷所在的方位，Da 方位在东，陆龙卷，距测站 3.0 km 或以内，编报电码为 2，Da 方位在东南，陆龙卷，距测站 3.0 km 以外，编报电码为 3。

③ISOS 软件中冰雹、龙卷重要报录入时，应注意冰雹是以毫米(mm)为单位，以整数输入，08 时、14 时、20 时定时观测前半小时内(31—00 分)冰雹直径单元格灰显，冰雹直径合并在地面小时 BUFR 文件中编发。龙(尘)卷：“类型”和“方位”默认为“无”，通过下拉列表选择“类型”后“方位”开放选择。每次出现龙卷均需编报。

第4章 数据质量控制

仪器自动观测数据的质量控制包括设备端质量控制、业务终端软件质量控制、省级质量控制和国家级质量评估。设备端和业务终端软件的质量控制在台站完成，对观测数据进行初步质量控制，并添加相应质控码；省级为数据质量控制的主体，对台站上传的数据进行定性，并输出质量控制结果；国家级质量评估是在可信的数据基础上开展的实时质量评估，以进一步提升观测数据准确性。本章重点介绍台站数据质量控制、省级质控及疑误数据处理方法。

4.1 台站数据质量控制

4.1.1 设备端质量控制

设备端质量控制包括对采样值、瞬时值的检查，并对检查结果进行标识，用于定性描述数据置信度。

设备通过计算采样值平均值得出瞬时值，标识“存疑”和“错误”的，不能用于计算瞬时值。应有大于66%(2/3)的采样值可用于计算瞬时值，对于风速应有大于75%的采样值可用于计算2 min或10 min平均值。若不符合这一质量控制规程，则判定当前瞬时值计算缺少样本，标识为“缺失”。瞬时值经质量控制被标识为“存疑”的数据应传输至业务终端软件，作进一步验证。

4.1.2 业务终端软件质量控制

设备端采集的数据输出到地面综合观测业务软件(ISOS)后，通过ISOS软件进行台站级质量控制。ISOS软件按照“格式检查→设备状态检查→数据质量控制码检查→气候学界限值检查→气候极值检查→时间一致性检查→同类要素内部一致性检查→不同要素内部一致性检查”的顺序进行质量控制，具体流程见图4.1。

4.1.3 台站级质量控制流程

设备端生成采样值和瞬时值，按照规定算法和规则对其进行计算和质量控制，生成带有质量控制码的分钟数据和小时数据传输到ISOS软件。

ISOS软件对接收到的分钟数据、小时数据、计算得到的累计值和统计值按照一定的流程和规则进行实时质量控制检查，给出数据质量标识，并按照BUFR编码格式生成带台站质控码的数据文件，上传至新疆维吾尔自治区气象局信息中心。质量控制流程见图4.2。

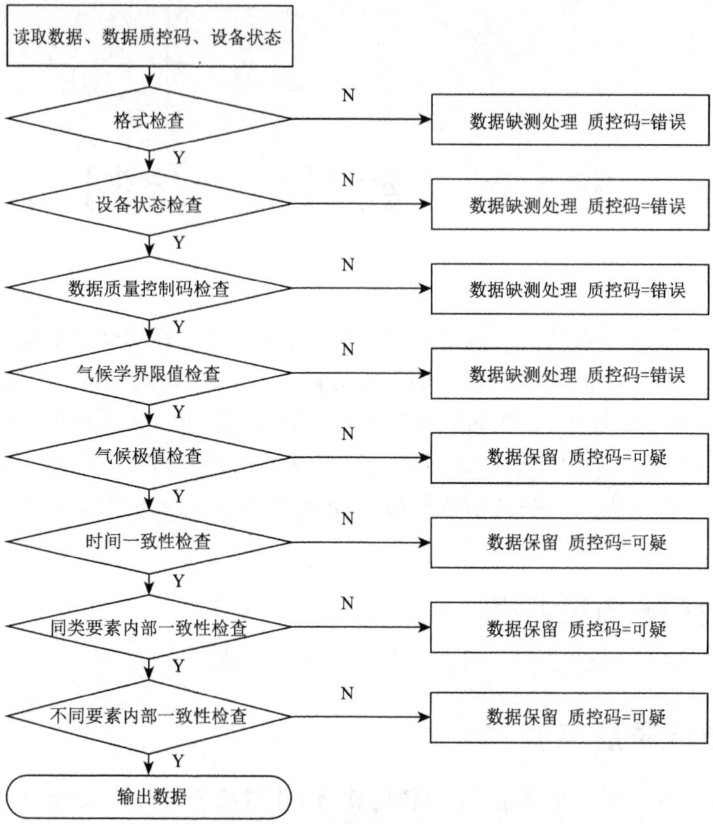

图 4.1 ISOS 软件数据质量控制流程图

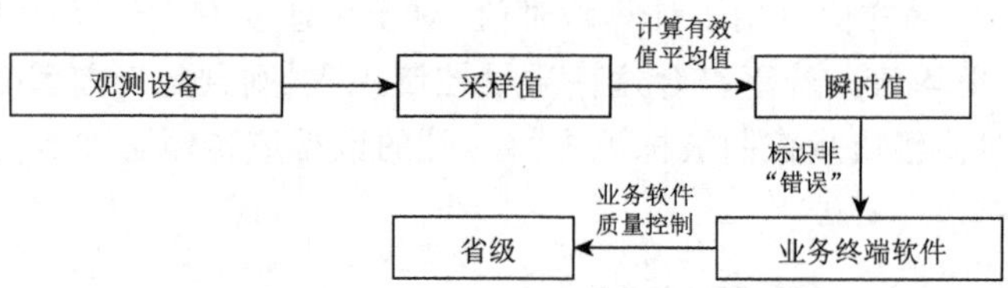

图 4.2 台站级质量控制流程图

4.2 省级质量控制

4.2.1 质量控制对象

数据质量控制对象为自动站(含区域站)观测资料以及辐射资料,根据数据的时间尺度将其分为分钟数据、小时数据和日数据。

4.2.1.1 分钟数据

分钟数据质控对象主要包括气温、气压、相对湿度、降水、风向、风速、草温、0 cm 地温及

5～40 cm 地温等观测要素。

4.2.1.2 小时数据

小时数据质控对象主要包括风、降水、气温、湿度、气压、草温、0 cm 地温、浅层低温、深层低温、能见度、日照、辐射等观测要素和统计值，详见表 4.1。

表 4.1 小时数据质控要素

项目	要素
风	2 min 风向、2 min 平均风速、10 min 风向、10 min 平均风速、最大风速的风向、最大风速、最大风速出现时间、瞬时风向、瞬时风速、极大风速的风向、极大风速、极大风速出现时间
降水	小时降水量
气温	气温、最高气温、最高气温出现时间、最低气温、最低气温出现时间
湿度	相对湿度、最小相对湿度、最小相对湿度出现时间、水汽压、露点温度
气压	本站气压、最高本站气压、最高本站气压出现时间、最低本站气压、最低本站气压出现时间、海平面气压
草温	草面(雪面)温度、草面(雪面)最高温度、草面(雪面)最高出现时间、草面(雪面)最低温度、草面(雪面)最低出现时间
0 cm 地温	地面温度、地面最高温度、地面最高温度出现时间、地面最低温度、地面最低温度出现时间
浅层地温	5 cm 地温、10 cm 地温、15 cm 地温、20 cm 地温
深层地温	40 cm 地温、80 cm 地温、160 cm 地温、320 cm 地温
能见度	最小能见度、最小能见度出现时间
雪深	积雪深度
日照	日照时数
辐射	总辐射、净辐射、散射辐射、直接辐射、反射辐射
人工观测	冻土深度
统计值	3 h 变压、24 h 变压、24 h 变温、过去 24 h 最高气温、过去 12 h 最低地面温度、过去 6 h 极大瞬时风向、过去 12 h 极大瞬间风向、过去 6 h 极大瞬时风速、过去 12 h 极大瞬间风速、过去 3 h 降水量、过去 6 h 降水量、过去 12 h 降水量

4.2.1.3 日数据

日数据质控对象主要包括降水量(人工观测)、蒸发、日照、天气现象、雪深、雪压、冻土、电线积冰等观测要素。

4.2.2 质量控制方法

地面气象观测质量控制方法包括界限值检查、内部一致性检查、时间一致性检查、持续性检查等。各气象要素的质量控制指标参见《地面自动气象观测规范》(第一版)。

4.2.2.1 界限值检查方法

界限值检查方法是检查要素值是否在其测量允许值范围之内。

4.2.2.2 范围值检查方法

范围值检查是采用时间和空间插值原理，基于广义极值分布理论，推求任意地点的多年日要素极值；基于数据插值技术，利用要素日变化规律，设计任意地点逐时、逐日、逐月阈值计算方法；逐小时阈值范围值检查的要素包括气温、相对湿度、气压、草温、0～10 cm 地温；逐日阈值范围值检查的要素包括 15～320 cm 地温；逐月阈值范围值检查的要素包括降水、风。

4.2.2.3 空间一致性检查

一般采用百分位法(即 Madsen-Allerupt 方法)进行空间一致性检查。

将待检站对应邻近台站待检小时及前 3 h 的“超阈值值”组成一个邻近站时间序列，计算 25%、50%和 75%值，计算质控系数 f。超阈值值为超出阈值范围的大小的值，但在空间一致性检查方法中，阈值 H_{max}、D_{max}的百分位取 80%，H_{min}、D_{min}为 20%。

4.2.2.4 内部一致性检查

气象观测要素相互之间关系密切，其变化规律具有一致性。根据该特性，就可对相关数据是否保持这种内部关系来检查其是否发生异常，以确定数据质量，这就是所说的内部一致性检查。内部一致性检查分为 3 种情况，一是同类要素之间；二是不同类型要素之间；三是统计值之间。

4.2.2.5 时变检查

大气中气象观测数据与时间显著相关，具有良好的时间一致性，可用于判断数据是否异常。

4.2.2.6 持续性检查

气象要素值随着时间、地域的变化会出现波动。在质量控制中，用标准差 σ 来评估某要素值可能的变化或波动程度，标准差越大，要素值波动的范围就越大。

4.2.3 特殊天气事件检测

当发生某些天气事件，将导致相关要素发生“异常”，从而导致质量控制方法发生误检。为了提高质量控制方法检测性能，设计了大幅度降温事件、积雪事件、高湿事件、低湿事件、等温事件以及其他中小尺度天气事件等，以便消除或降低这些事件对质量控制方法的影响。

4.2.3.1 大幅度降温事件

当发生剧烈天气事件如大幅降温、短时暴雨时，将导致相关要素发生“异常”，其中较为典型的是单站大幅降温事件，即一个测站由于天气突然变化(如由晴转雨)，从而导致气温和地面温度等要素无法通过时间一致性和空间一致性检查。

4.2.3.2 积雪事件

由于地面温度传感器固定不可移动，当有积雪时，地面温度传感器就被埋藏在雪中，会使地面温度长时间不变或变化极小，进行持续性检查时，会提出错误或警告信息。

4.2.3.3 高湿事件

当有雾或有雨且持续时间较长时，相对湿度会在高湿状态下不变或变化极小，不易通过持续性检查。

4.2.3.4 等温事件

大气非常稳定时(温度变化很小)，相对湿度不变或变化极小，不易通过持续性检查。

4.2.3.5 中小尺度天气现象

有些中小尺度天气现象发生时，由于其影响地理范围小，持续时间短，所以会导致个别站和少数时次数据产生“异常”现象，使气象观测数据无法通过时间一致性和空间一致性检查，可通过检测这些中小尺度天气现象的产生避免误检。

4.2.4 传感器漂移以及风向缺失检测

传感器漂移及风向缺失检测方法主要表现在4个方面。一是所使用的数据量大且持续时间较长（一般在一年以上）；二是所检查数据的质量状况是描述一批的数据质量情况；三是数据检查频次是以一定的时间周期（一般为一旬）进行检查；四是对疑误数据的处理方式与其他方法不同。

4.2.4.1 启动风速增大

启动风速增大是指因风速传感器由于外力（如灰尘污染、轴承磨损等）原因使得当风速较小时，风杯不转（即发生小风不转大风转现象），从而引起启动风速增大，导致风速观测数据质量下降。通过对风速分布规律以及时间序列分析方法来检测“启动风速增大”。

4.2.4.2 风向缺失

由于冰雪或风向观测仪器故障等原因会导致某一范围的风向以另外范围的风向被记录，从而影响风向观测数据的质量。

4.2.4.3 传感器漂移

实时业务运行的自动气象站传感器状态一般可分为三种。一是正常状态，即传感器测量的气象要素在允许的测量精度范围；二是传感器失效状态，即传感器测量的气象要素值离实际真值很远；三是传感器失真状态，传感器测量的气象要素在实际真值附近，但超过了允许的测量精度范围。对于第二种状态采用常用的质量控制方法即可检测到，然而对于第三种状态通常的质量控制方法往往无能为力，必须针对其特点，设计检测方法。本规程主要针对气压和气温传感器的漂移进行检测。

4.2.4.4 双质量检查方法

对于降水、日照和蒸发量，可以采用检查降水、日照和蒸发与周围邻近站显著偏小或偏大的问题作为检查方法，是为双质量检查方法。

4.2.5 综合检查

综合检查是利用上述检查方法，确定每个数据最终的质控码。

4.3 疑误数据处理方法

4.3.1 异常记录处理原则

异常记录是指经过数据质量控制后确定为缺测、错误、可疑的观测数据。当某个数据不完全正确但基本可用时，按正常记录处理；有明显错误且无使用价值时，采用一定的查询或统计方法获取可用以代替的数据，否则按缺测处理。当全部数据不正常时，应及时启用备份站开展观测，无备份站的按缺测处理。

4.3.2 气象要素异常记录处理方法

4.3.2.1 降水

①若无降水现象，因其他原因（昆虫、风、沙尘、树叶、人工调试、设备故障等）造成异常记录时，删除该时段内的分钟和小时降水量。

②降水现象停止后，仍有降水量，若能判断为滞后（量一般≤0.3 mm，且滞后时间不超过2 h），将该量累加到降水停止的那分钟和小时时段内，否则将该量删除。

③称重式降水传感器在降水过程中，伴随有沙尘、树叶等杂物时，按正常降水记录处理；遇液态降水溢出或固态降水堆至口沿以上，或降水过程中取水，则该时段降水量按缺测处理。

④称重式降水传感器承水口内沿堆有积雪或雨凇时，应及时清理到收集容器内。由此产生的异常数据，能判断降水结束时间的，若收集的雪量≤0.3 mm，应参照滞后降水的规定处理，即将该量累加到降水停止的那分钟和小时时段内，若收集到的雪量>0.3 mm，加入到降水结束的时次，该时次降水时段内的分钟数据按缺测处理；不能判断降水结束时间的，加入到有降水量的最后一个时次，该时次内的分钟数据按缺测处理（注意称重不受2 h滞后时间限制）。

⑤随降随化的固态降水按正常情况处理。

⑥非结冰期，降水量以翻斗雨量传感器记录为准，异常时段内的数据按称重式降水、备份站翻斗雨量顺序代替。无自动观测设备备份时应及时启用人工观测记录代替。

结冰期，降水量以称重式降水传感器记录为准，异常时，启用人工观测记录代替。

⑦涉及处理降水量的时次，应按时间顺序先后在整点发报界面中点击“重新统计”，确保更正后的过去时段累计降水量计算正确。

4.3.2.2 风

①2 min与10 min平均风有缺测时，不能相互代替。

②正点风向、风速异常，按照正点前10 min、正点后10 min、备份站记录的顺序代替。用正点前、后10 min记录代替时，用以代替正点2 min(10 min)平均风的分钟数据必须为有效数据，即从拟代分钟数据开始，之前2 min(10 min)内的数据均正常可用。

③正点风向、风速缺测时，不能内插。

④风速记录缺测但有风向时，风向亦按缺测处理；有风速而无风向时，风速照记，风向缺测。

⑤正点2 min(10 min)风向、风速用正点前后10 min记录代替时，优先考虑用风向、风速皆有的分钟数据代替（注意风速≤0.2 m/s，风向缺测时属于有效数据），否则只用接近正点的风速分钟数据代替正点2 min(10 min)风速，此时风向按缺测处理；当正点风速经代替后的值≤0.2 m/s时，风向记为“C”。

⑥正点瞬时风向、风速异常时，按缺测处理，极大风速、风向及出现时间与最大风速、风向及出现时间从实有记录中挑取。

4.3.2.3 蒸发

①因降水（蒸发桶溢流等）或维护导致小时蒸发量异常，按0处理。

②蒸发设备故障时，若备份站记录正常，小时蒸发量用备份站记录代替。无备份站时，若只缺测 1 h，该时次内插处理；若连续缺测 2 h 及以上，相应时次作缺测处理。

③设备故障或大型蒸发结冰期间，数据按缺测处理。

4.3.2.4 能见度

①当视程障碍现象综合判识出现明显错误时，能见度记录仍以自动观测为准，允许自动能见度记录与该类天气现象不匹配。

②当能见度设备故障或数据异常，有备份站记录代替时，为保证数据的完整性，能见度数据可用备份记录代替；能见度观测数据不能内插，不用正点前后 10 min 接近正点的记录代替。

4.3.2.5 雪深

①雪深仪故障或数据明显异常时，记录按缺测处理。

②有积雪而无雪深时，维持原记录；无积雪而有雪深时，删除雪深记录，同时清理采样区残留积雪。

4.3.2.6 辐射

①若在日出后第 2 h 至日落前 2 h(当为阴天或地面有积雪反射辐射很强时除外)净辐射值出现负值，或日落后至日出前净辐射出现正值，若时曝辐量的绝对值>0.10，则将该时值用内插法求得；若在日落之后和日出之前有总辐射、直接辐射、散射辐射、反射辐射，则将其置空处理。

②若记录之间有矛盾，但不能判断是何要素有明显错误，则维持原记录；若能判断某要素有明显错误，则先将该要素的记录值按缺测处理，再按记录缺测时的处理规定对该记录进行处理。当水平面直接辐射大于等于垂直于太阳面的直接辐射时，维持原记录。

③辐射记录的时曝辐量缺测时，若无正点辐照度值，则用内插法求得；对于跨日出、日落的时次(包括前后两时次)按梯形面积法进行内插。

4.3.2.7 降水天气现象

①自动观测降水现象或起止时间出现明显错误(如降水相态错误)时，应结合实际情况进行订正，否则记录按缺测处理。

②降水现象与分钟降水量记录应保持一致。有降水现象而无降水量时，如判定降水现象记录异常，删除降水现象，否则维持原记录，按微量降水处理。无降水现象而有降水量时，如判定降水现象记录异常，对降水现象进行订正；如判定为滞后降水，则按滞后降水的处理原则处理；如判定为非降水，则按无降水现象处理。

4.3.2.8 时极值的异常处理

①某时次的气温、相对湿度、风速、气压、地温、草温(雪温)、辐射因分钟数据异常而影响时极值挑取时，时极值应从本时次正常分钟实有记录和经处理过的正点值中挑取。

②若极值从本时次正常分钟实有记录中挑得，极值和出现时间正常记录。

③若极值为经处理过的正点值，且该正点值为正点后 10 min 内的代替数据、备份站正点记录、前后时次内插值时，极值出现时间记为正点 00 分。

④不能从以上记录中挑取时，时极值按缺测处理。

⑤自动观测能见度分钟数据异常，影响时极值的挑取时，时极值按缺测处理。

4.3.2.9 日极值的异常处理

①日极值从各时极值(包括经处理过的时极值)中挑取。

②若某时极值缺测,则日极值从实有的各时极值中挑取。

③自动观测记录全天缺测时,日极值按缺测处理。

④若日极值出现时间恰为 24 h,一律记录为 00 时 00 分。

4.4 气象资料业务系统(MDOS)操作平台

MDOS 操作平台包含国家站、区域站、高空、辐射、土壤水分、酸雨、大气成分等各类站点数据接收与上传监控、质量信息处理、数据质量分析与处理、文件制作与数据显示、元数据基本信息、元数据审核与反馈、质量与处理情况、基本信息显示与管理、系统管理,处理数据类型包括小时数据、分钟数据、小时辐射数据、日数据、日照数据、小时土壤水分数据、酸雨数据、高空数据、大气成分数据等 9 类基本气象数据和台站元数据信息,是一个集数据传输监控、质控信息处理与查询反馈、基础信息管理、信息报警、产品制作与数据服务、元数据处理、系统管理为一体,以省级数据监控、处理与查询为核心,涵盖台站级处理与反馈,衔接国家级处理与查询的综合性气象资料业务平台。

4.4.1 平台组成

平台包括数据接收与上传监控、质控信息处理、数据质量分析与处理、实况产品显示与评估、文件制作与数据显示、元数据基本信息、元数据审核与反馈、质量与处理情况、基本信息显示与管理、系统管理等 10 个子系统,其组成结构见图 4.3。

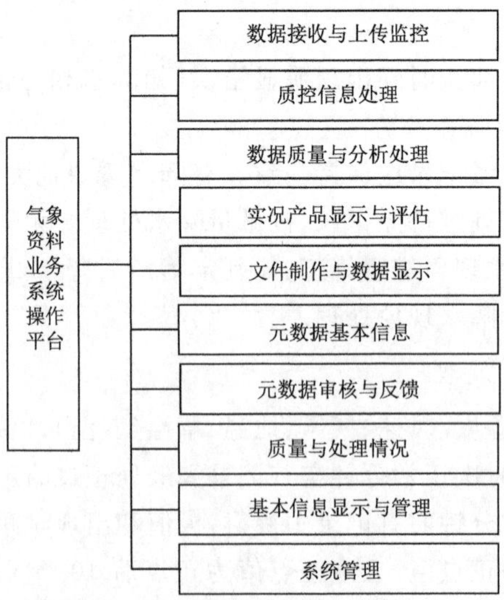

图 4.3 MDOS 业务操作平台系统结构示意图

4.4.2 平台简介

MDOS操作平台分为九类用户，分别为省级管理员、省级监控员、省级数据处理员、台站管理员、台站监控员、台站数据处理员、第三方用户、系统管理员、开发测试人员。

用户登录：在浏览器地址栏输入：http://172.23.163.87/MDOS2/，即可打开平台登录页面进入登录界面。

MDOS界面由用户登录首页、功能菜单区、信息报警区与日清信息展示区构成。用户登录首页管理各类用户的登录，用户登录后进入平台主体页面，包括功能菜单区、信息报警区及日清信息展示区，功能菜单设计为两级。第一级为系统的10个基本功能，分别为数据接收与上传监控、质控信息处理、数据质量分析与处理、实况产品显示与评估、文件制作与数据显示、元数据基本信息、元数据审核与反馈、质量与处理情况、基本信息显示与管理、系统管理；第二级为各功能模块，可分别实现其操作。

4.4.3 数据处理流程

4.4.3.1 省级数据监控

监控小时数据、分钟数据、小时辐射数据、日数据、日照数据、小时土壤水分数据、酸雨日数据、高空数据、大气成分数据等9类数据接收与上传信息。

4.4.3.2 监控流程

实时监控各台站数据传输接收和上传情况，整点时接收各台站分钟数据、小时数据、小时辐射数据、小时土壤水分数据、高空数据、大气成分数据；每日北京时间20时监控分钟数据、日数据、日照数据、酸雨日数据传输接收情况。若在规定到站时间5 min后未到站则启动信息报警系统通知台站或相关业务人员。

4.4.3.3 省级数据处理

对系统提示的各类疑误信息，进行确认处理、将疑误信息告知台站并处理国家级的疑误查询信息并反馈，保障三级数据的一致性。处理流程如下。

流程1：确认无误→处理完成。

流程2：告知台站处理→查询台站更正报→处理完成。

流程3：数据错误→处理完成。

流程4：数据修改→查询台站→处理提交。

第 5 章 观测运行监控及装备的维护、维修

5.1 综合气象观测业务运行信息化平台(简称天元系统)

依据气象观测质量管理体系的要求,依托系统的标准和业务规范建设,基于大数据预测、分析和综合考核评估,推进观测业务流程优化,加强观测业务科学管理,促进观测业务服务能力提升和质量效益发挥,建设了综合气象观测业务信息化平台。天元系统是国内气象部门唯一的观测元数据管理平台,所有涉及国内气象观测站点的元数据信息均以此平台为准。

5.1.1 平台功能

平台子系统 9 个,功能模块 48 个,功能页面 519 个,一级部署、四级应用,平台功能组成见图 5.1。

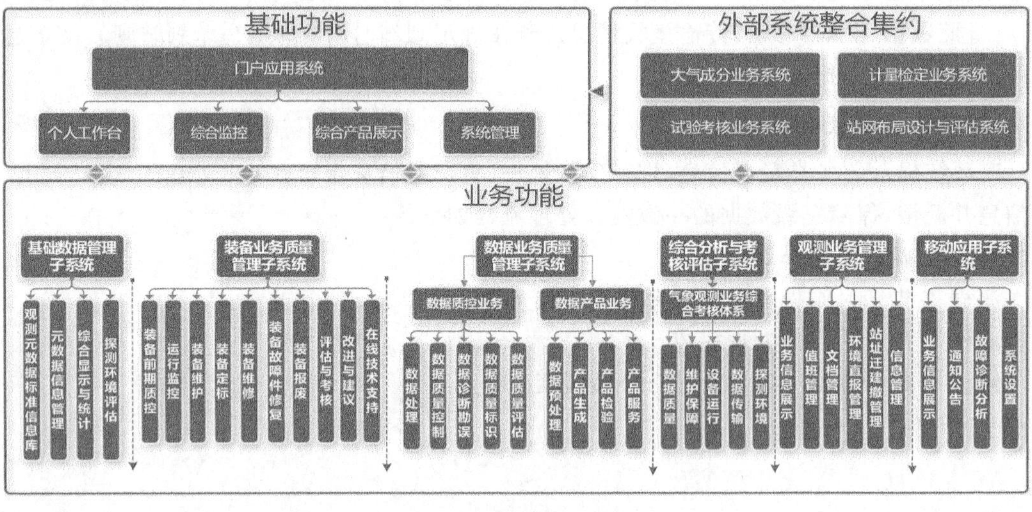

图 5.1 平台功能组成

5.1.2 系统登录

系统登录需要在内网环境下使用谷歌浏览器。

系统地址:http://10.1.65.226。

关于账号登录:省级管理员账号可以新增全疆用户,地(州)管理员账号可以新增所辖地

(州)用户,用户角色授权机制同上。

系统初始密码为:TcZx_TY@2020。

用户登录系统后,可以在主界面通过点击“个人信息设置”按钮进行登录密码修改。

5.1.3 系统模块

系统主要分为:基础数据管理、装备运行监控、装备维护维修、在线技术支持、仓储供应管理、数据质量控制、产品应用服务、综合考核评估、观测业务信息服务、计量信息管理、质量管理体系系统、系统管理12个功能模块。

①基础数据管理包含站网信息管理、站网变更审核、站网历史变更查询、站网信息查询、观测任务查询、综合显示、质量检查、质量周报子等模块。

②装备运行监控模块是对天气雷达、风廓线雷达、高空气象观测、地面气象观测、雷电观测、GNSS/MET观测、土壤水分观测、大气成分观测、垂直观测九大类设备的状态数据和观测数据进行实时监控。

③装备维护维修模块是对天元系统内各类设备的停机通知、装备维护单、维修单、设备标定、备件申请等信息进行填报和历史查询。

④在线技术支持包括知识库、专家库、技术支持和综合统计,通过案例维护、故障树维护、知识检索、专家库查询、技术支持申请和查询及提供在线技术支持工具与应用流程指南等方式为用户提供技术层面的帮助和咨询服务。

⑤仓储管理模块涉及气象装备许可证管理,测试验收管理;气象装备采购预算,采购计划,合同登记;气象装备条码生成,出入库管理,库存数量,库存数量统计,库存台账;气象装备使用申请,地域状态变更,收发件管理;仓储库存盘点,盘点记录;气象装备报废登记以及仓库管理、综合查询等功能。

⑥数据质量控制模块即为综合气象观测数据质量控制系统,又名“天衡系统”。该系统以数据获取、质量控制、诊断勘误、数据评估四个主要业务环节为抓手,进行气象装备观测数据的质量控制业务。

⑦产品应用服务模块即为综合气象观测产品系统,又名“天衍系统”。该系统在多元数据融合、观测与模式融合、多技术融合的基础上,采用深度学习、人工智能同化、大数据识别等多种方法生成各类格点化实况融合再分析产品,提高观测产品面向预报与决策服务的支撑能力。

⑧综合考核评估模块用于评估考核设备的业务可用性。评估气象观测数据的质量和完整性,评价质量目标完成情况,向管理部门提供必要的管理依据,从而提高决策的精度和效果。

⑨观测业务信息服务模块包含特殊情况处置,探测环境直报,气象观测铁塔台账子模块,主要用于观测任务考核级别的变更及审核;地面气象观测、天气雷达、高空气象观测探测环境直报的上报及审核;气象观测铁塔的维护巡检、信息变更等。

⑩计量信息管理模块,即为全国气象计量业务信息化系统。包含计量信息数据分析,计量业务开展情况,计量业务管理,计量现场核查业务开展情况,机构授权,用户管理功能。该系统可根据气象传感器唯一装备编码,对传感器进行全生命周期的计量信息管理。

⑪质量管理体系信息系统基于质量管理体系PDCA理念,将体系运行全流程工作进行信息化管理,提高体系运行数据收集和处理效率,促进全国气象质量管理体系信息共享和协作,助力提升气象质量管理水平。

⑫系统管理模块,包含组织管理、用户管理、功能角色管理功能。用于新建、更新组织机构,以及新建用户、用户迁移和角色授权。

5.2 地面气象观测监控管理平台(SMOS)

地面气象观测监控管理平台,简称 SMOS,是集无人值守气象自动站数据收集、传输、查询、浏览为一体的自动站数据采集中心软件。作为省级自动站数据中转站,接收以物联卡及北斗卫星两种传输方式的站点数据,由中心站生成 BUFR 格式报文,以消息传输方式传输至省级数据收发系统(CTS)。新疆于 2019 年起建设 SMOS 平台,目前已将全疆无人值守站、交通站以及北斗卫星站接入该平台。

5.2.1 平台组成

平台由通信桥接器、消息中间件、核心处理模块及多任务平台四部分组成。地面气象观测监控管理平台组成见图 5.2。

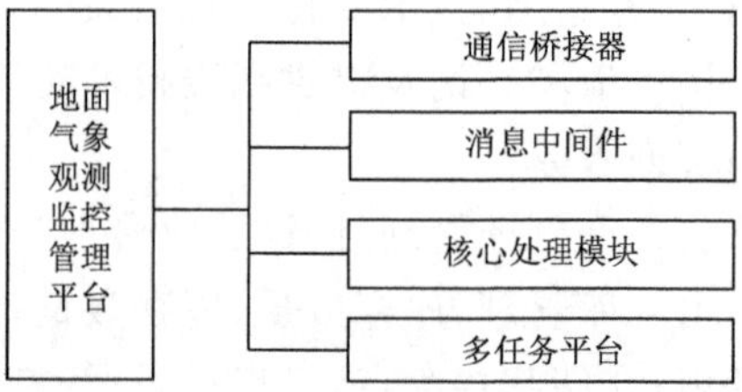

图 5.2 地面气象观测监控管理平台组成

5.2.2 平台简介

SMOS 操作平台分为三类用户,分别为省级管理员、地市级管理员、普通用户。其中省级及地市级管理员权限可对平台站点进行新增、修改等管理权限,普通用户可查看浏览数据在线及到报等基本信息。

SMOS 平台采用浏览器访问的方式,推荐使用的浏览器有 IE、FireFox、Chrome。在浏览器地址栏中输入 http://172.23.163.115:8080,键入回车即可访问。成功访问软件页面后,用户登录系统,从而获取相应的操作权限。

5.2.3 数据处理流程

中心站从数据库中获取信息,判断是否向台站发送请求。请求通过消息中间件发送给桥接器,桥接器负责获取数据请求并将其发送至移动网络。移动网络将请求传输至宏电模块,最终由采集器处理请求并将对应的检索结果返回给宏电模块。移动网络随后将返回结果传递给通信桥接器,由桥接器发送给消息中间件,通知中心站获取返回结果。中心站对返回结果进行解析、数据入库、报文生成、备份和上传操作。

中心站生成报文通过多任务平台以消息传输的形式将数据传输至省级数据收发系统

(CTS),由 CTS 进行后续质控、分发、入库等流程。

5.3 观测装备维护

台站业务人员应严格按照相关规定开展维护工作,日、周、月、季、年维护按要求在综合气象观测业务运行信息化平台(以下简称“天元系统”)中填报相关维护信息。

5.3.1 设备维护流程

ISOS 设备维护→录制维护视频→上传视频→天元系统上报维护单→整理相关记录

各台站在开展巡视和维护工作时必须严格对照观网处制定的《国家级地面气象观测站巡视和维护内容及要求》执行,巡视和维护工作结束后,在天元系统中填写维护单并及时整理相关记录,由业务人员签名后妥善保存,以备随时检查。

5.3.2 周维护工作

全疆国家级台站每周一固定开展观测场地、仪器设备以及支撑保障设备的周巡视和维护工作。需分别拍摄温度传感器、湿度传感器、雨量传感器、地温传感器、草温传感器、蒸发传感器、能见度仪、降水现象仪、天气现象视频智能观测仪、辐射传感器、业务计算机维护相关视频,视频长度以能展现按要求完成维护工作即可。将维护视频分别以“仪器设备名称(为避免出现乱码,统一采用拼音,如:wenshidu、yuliang 等)+日期”命名,放入以日期、区站号命名(如20231106－51656)的文件夹中(视频上传时不要压缩),将此文件夹上传至 10.185.72.21/XunShiReport/地州 CCC 码/区站号。国家级台站周维护表见表 5.1。

表 5.1 国家级台站周维护表

序号	项目	内容	要求
1	观测场地	地温场	裸地、无杂草、平整、疏松、无积水、草,并与观测场整个地面相平,如不符合要求立即处理
2		标牌	无污损,如有立即组织修补或更换
3		标志	是否被沙土或积雪等掩埋,如有立即清理
4	温度传感器	高度	传感器保持垂直,感应部分中心距地高度 150 cm±5 cm,如不在此范围内立即调整
5		位置	主用温度传感器在正东面,备用在正南面,如位置偏差立即调整
6		连接	线缆连接牢固,无松动、破损
7	湿度传感器	高度	传感器保持垂直,感应部分中心距地高度 150 cm±5 cm,如不在此范围内立即调整
8		位置	主用湿度传感器在正西面,备用在正北面,如位置偏差立即调整
9		连接	线缆连接牢固,无松动、破损
10		维护	用毛刷刷拭传感器头部灰尘
11	温湿度百叶箱	安装	牢固、完好、无杂物
12		维护	检查百叶箱顶、箱内和壁缝中有无沙尘、雪等影响观测的杂物,如有及时用湿布或毛刷清理干净

续表

序号	项目	内容	要求
13	气压传感器	维护	静压气孔口保持畅通
14			静压管无堵塞、进水、破损等现象
15			检查干燥剂颜色，若潮湿变色应及时更换
16		连接	线缆连接牢固，无松动、破损
17	风向风速传感器	维护	风杯、风向标转动是否灵活、平稳，发现异常时，及时处理
18			传感器是否有破损，尤其是下过冰雹后须立即检查
19		方向	风向标指北方位准确无误
20		连接	线缆连接牢固，无松动、破损
21	风塔	连接	塔体保持垂直，无锈蚀、松动
22	翻斗雨量传感器	维护	器身保持稳定、水平，高度不得低于 70 cm
23			内部无杂物、泥沙等，如有需要立即清理
24			检查翻斗翻转的灵活性，如发现有阻滞感，及时处理
25		连接	线缆连接牢固，无松动、破损
26	称重降水传感器	维护	承水口保持水平
27			承水口无蛛网及其他堵塞异物
28			防风圈保持稳定，无破损等现象；高于承水口约 2 cm，开口朝北
29		连接	线缆连接牢固，无松动、破损
30		供电	电池电压是否正常，是否有漏液等现象
31	浅层地温传感器	维护	保持地表温度传感器一半埋在土内、一半露出地面，擦拭粘附在上面的雨露和杂物
32			主备站地温传感器分别位于地温场东西中心线左右各 20 cm 处
33		连接	线缆连接牢固，无松动、破损
34	深层地温传感器	维护	深层地温硬橡胶套管是否保持垂直
35			各地温传感器相距 50 cm
36		连接	线缆连接牢固，无松动、破损
37	草温传感器	高度	传感器距地高度 6 cm，并与地面平行
38		维护	草株不得超过 10 cm，否则须立即修剪
39			积雪淹没草温传感器时，将传感器置于原来位置的雪面上
40		连接	线缆连接牢固，无松动、破损
41	蒸发传感器	维护	蒸发桶无渗漏
42			蒸发器保持稳定、水平，高度、宽度符合要求
43			土圈与防塌圈保持水平，如缺土及时补充
44			检查清理蒸发皿和不锈钢测量筒内是否有异物，如有应及时清理
45			水圈内的水面应与蒸发皿内的水面接近，如缺水及时补充
46			如水位即将高于不锈钢测量筒高水位刻度线（或即将接近蒸发皿溢流口）时，应及时将蒸发皿内的水舀出

续表

序号	项目	内容	要求
47	蒸发传感器	维护	如水位即将低于不锈钢测量筒低水位刻度线(或即将接近溢流口向下 10 cm)时将蒸,应及时向蒸发皿内加水
48		连接	线缆连接牢固,无松动、破损
49	能见度仪	高度	采样区中心据地高度 280 cm±10 cm
50		位置	接收单元在南面、发射单元在北面
51		维护	传感器横臂保持水平
52			擦除镜头遮光罩、防护罩内外表面的灰尘
53			检查透镜窗口和采样区,如发现蛛网、灰尘等影响数据采集的杂物,必须立即清理;对透镜进行清洁(必须使用酒精浸湿脱脂棉擦拭透镜),污染较重或遇沙尘、降雪等影响能见度观测的天气现象后,应视情况及时清洁
54		连接	线缆连接牢固,无松动、破损
55		供电	电池电压是否正常,是否有漏液等现象
56	降水现象仪	高度	采样区域中心距地高度 200 cm±10 cm
57		位置	接收端在南侧,发射端在北侧
58		维护	检查激光发射和接收装置以及采样区,如发现蛛网、灰尘等影响数据采集的杂物,必须立即清理;对窗口进行清洁(使用柔软不起毛的棉布或脱脂棉沾无水乙醇擦试窗口玻璃)
59		连接	线缆连接牢固,无松动、破损
60		供电	电池电压是否正常,是否有漏液等现象
61	雪深传感器	维护	检查传感器波(光)束通路上有无蛛网、赃物等影响波(光)通过的物体,如有需要立即清理
62			基准面需保持整洁平整,如有异物及时清除
63		连接	线缆连接牢固,无松动、破损
64		供电	电池电压是否正常,是否有漏液等现象
65	日照传感器	高度	光电式数字日照计中心距地高度 150 cm±5 cm
66		维护	检查仪器的水平、方位和倾角,发现问题及时纠正
67			纬度是否设置正确
68			对光学镜筒进行清洁,清洁应在日出前或日落后进行。若发生雨、雪、露、霜、雾等天气,应及时擦除光学镜筒上的雨雪和凝结物
69			检查干燥剂状况,注意及时更换
70			通过终端维护发送自检命令,检查各光电感应器是否正常
71		连接	线缆连接牢固,无松动、破损
72	闪电定位仪	连接	线缆连接牢固,无松动、破损
73	天气现象视频智能观测仪	维护	检查摄像机镜头的遮挡和污染情况,若有遮挡或污染应及时清理,清理应在日出前或日落后进行

续表

序号	项目	内容	要求
74	天气现象视频智能观测仪	维护	清洁摄像机镜头，护罩式镜头可用柔软不起毛的棉布或脱脂棉沾无水乙醇直接擦试镜头玻璃，鱼眼镜头可先用清水冲洗表面浮尘与沙粒，再用柔软不起毛的棉布或脱脂棉沾无水乙醇擦试镜头。遇沙尘、降雪等影响观测时，应及时清洁
75			检查摄像机的水平、方位和倾角，检查立柱是否稳固
76			检查地面集中观测区自然下垫面及露、霜目标物草地状况
77			结冰容器水量是否充足，不足时需及时添加
78			专用量雪尺保持竖直，刻度零线与地面集中观测区自然下垫面齐平
79		连接	线缆连接牢固，无松动、破损
80		供电	电池电压是否正常，是否有漏液等现象
81	冻土器	维护	与 320 cm 地温相距约 50 cm
82			保持垂直
83			检查内管是否漏水、管里的链子是否牢固，如有漏水或不牢固，应及时修复
84			内管水量不足时及时补充加水
85	辐射传感器	维护	检查光学表面，如有尘土、霜、雾、雪和雨滴时，应用镜头刷或麂皮及时清除干净
86			玻璃罩或进光窗口不能进水，罩内也不应有水汽凝结物，如有需立即处理
87			检查干燥器内硅胶是否变色(由蓝色变成红色或白色)，如果变色要及时更换
88			向上放置的辐射仪器必须保持水平，感应面与玻璃罩保持完好
89			直接辐射表跟踪必须准确(对光点)，如果跟踪不准，应及时进行调整
90			散射辐射表和大气长波辐射表要注意检查遮光球阴影是否完全遮住仪器的感应面与玻璃罩，否则应及时调整到相应的位置上，使遮光球全天遮住太阳直接辐射
91			向下安装的辐射仪器(反射辐射表和地面长波辐射表)必须保持下垫面的自然和完好状态
92			全自动太阳跟踪器应检查四象限传感器玻璃窗口是否清洁，如窗口内侧有水汽凝结现象，应及时更换四象限传感器；查看跟踪器运动部件是否有卡滞，仪器固定稳定、紧固件有无松动脱落，内部传动机构响声是否正常。跟踪器上安装的辐射仪器导线一直处于运动状态，容易损伤，检查导线是否有损伤，连接是否可靠
93		连接	线缆连接牢固，无松动、破损
94	综合集成硬件控制器、主采、地温风采、温湿度分采集器等	连接	线缆连接牢固，无松动、破损
95		维护	牢固、完好、无杂物，无进水等现象
96			主采集器电池电压是否正常(不低于 13.8 V)，是否有漏液等现象
97	业务计算机	维护	专机专用，检查是否有与业务不相干的程序，如有立即清理
98			查杀病毒，对计算机进行重启，重启后及时启动所有业务用软件
99		连接	线缆、插头牢固，无松动、破损
100	地面综合观测业务软件	参数	检查各项参数是否正确
		数据	对主备站各要素数据进行对比，当数据差值较大(气压≥0.8 hPa、气温≥1.0 ℃、风速≥1.0 m/s、过程降水量≥4%、地面温度日极值≥2.0 ℃、浅层地温≥1.5 ℃、深层地温≥0.5 ℃)或天气现象、能见度、雪深等观测结果不一致时，应认真分析原因，确属故障的应及时进行排除
101	UPS	连接	线缆、插头牢固，无松动、破损
102	交流电源	连接	线缆、插头牢固，无松动、破损

5.3.3 月维护工作

全疆国家级台站每个月第一个星期一固定开展月维护工作。需维护观测场地、检查发电机，对UPS进行充放电等工作。巡视和维护工作结束后，台站要及时整理相关记录，在天元系统中填写月维护单。国家级台站月维护具体要求见表5.2。

表5.2 国家级台站月维护工作表

序号	项目	内容	要求
1	观测场地	草高	必须≤20 cm，如超高立即修剪
2		是否有与地面观测无关的设备、基座或其他物品	如有立即清理
3		围栏	无缺损，如有立即组织修整
4		小路	无断裂，如有立即组织修整
5		地沟	无积水、塌陷，如有立即处理
6		平整度	必须平整，否则立即组织平整
7		观测场外四周2 m范围内下垫面情况	必须与观测场内下垫面一致，否则立即组织整改
8	深层地温传感器	维护	检查深层地温硬橡胶套管内是否有积水，如有积水应及时将水吸干。如发现套管破损，立即更换
9			检查传感器感应部分是否有伸出内护管
10	蒸发传感器	维护	清洗蒸发皿并换水
11	闪电定位仪	维护	检查设备外观、机壳密封性、磁环天线水平及正北方位角、舱内干燥剂、GPS天线、设备状态信息、电源指示灯、通信参数IP地址、子网掩码、网关等是否正常；检查供电和设备接地是否正常
12	UPS	维护	充、放电
13	发电机	维护	清洁保养，开机测试，并检查油量是否充足
14	防雷	接地	所有仪器设备接地是否符合要求（连接牢固、无松动、破损）

5.3.4 观测铁塔巡检维护工作

气象观测铁塔是指气象部门建设或管理的、用于开展气象观测和气象科学研究的铁塔。维护单位应在天元系统里建立铁塔安全生产管理台账，对于未达到使用寿命的、运行情况良好的气象观测铁塔，维护单位应至少每季度巡检一次铁塔；对于超出使用寿命或运行时间较长，塔体存在锈蚀、倾斜等状况或位于地质灾害隐患点及其周边区域的铁塔应至少每周巡检一次，并在天元系统中填写铁塔维护记录，具体要求见表5.3。

表5.3 观测铁塔巡查维护表

序号	项目	内容	要求
1	观测铁塔	场地	场地完整无破坏
2		塔体	塔体垂直度符合要求，塔体各连接件紧固，铁塔平台锁正常

续表

序号	项目	内容	要求
3	观测铁塔	拉线、地锚	拉线紧固，地锚无松动迹象
4		防雷设施	防雷设备正常
5		仪器设备	仪器安装臂牢固水平，各传感器工作正常

5.3.5 无人值守站巡检维护工作

无人值守站要求汛前、汛后各维护一次，具体时间根据各地汛期开始和结束时间自定。汛期期间维护1～2次，风沙较大地区，或因特务服务需求，可适当增加维护次数。无人值守站巡检维护流程见图5.3。

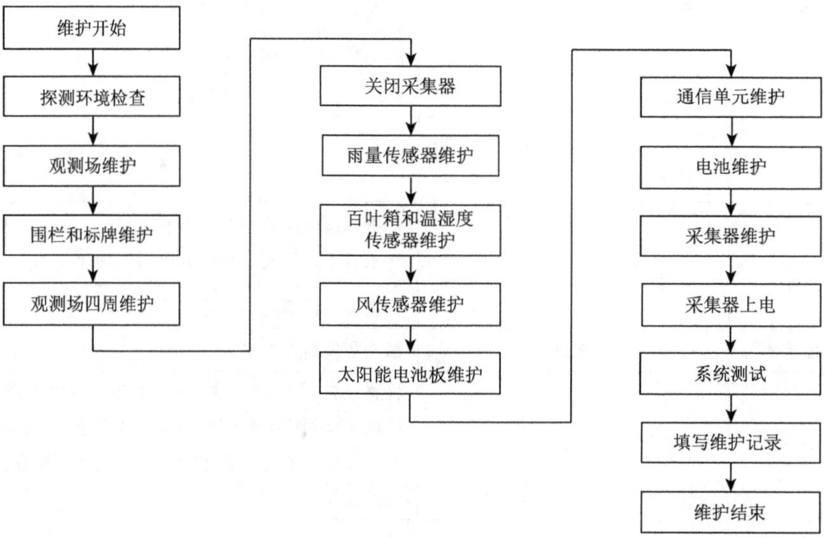

图5.3 无人值守站巡检维护流程图

每年应对风传感器进行一次全面维护，维护时间自定。检查连线外皮是否有老化和破损现象；检查线缆接头是否有短线或松动现象；清洁风传感器部件；检查、校准风向标、风横臂指北方位；检查避雷针结构是否牢靠。安装有风塔的观测站，根据风塔维护技术要求及时维护。每年汛前检测一次接地电阻。接地电阻≤4 Ω，处在高山、沙漠、戈壁等地面土壤电阻率大于1000 Ω·m的区域站，接地体的阻值可适当放宽。无人值守站巡查维护要求见表5.4。

表5.4 无人值守站巡查维护表

序号	项目	内容	要求
1	探测环境	检查	通过目测检查测站周边探测环境。检查观测场周边下垫面是否被破坏，是否存在影响观测数据质量或设备安全的因素；检查观测场周边是否存在影响观测数据质量的建(构)筑物或其他干扰因素。对于探测环境被严重破坏的台站，需在维护记录中详细说明，必要时拍摄照片附在维护记录后面
2	观测场地	维护	清除场内杂物、杂草，保持观测场平整

续表

序号	项目	内容	要求
3	围栏和标牌	维护	对围栏和标牌进行清洁维护;如围栏和标牌有损坏,应及时修复;标牌悬挂端正、醒目
4	围栏外环境	维护	清除围栏周边 10 m 范围内的障碍物,保证观测场周边环境开阔,保证仪器的感应面通风和不受遮阴
5	温度传感器	连接	线缆连接牢固,无松动,外皮无老化、破损
		维护	用干毛巾清洁传感器探头和线缆的灰尘
6	湿度传感器	连接	线缆连接牢固,无松动,外皮无老化、破损
		维护	用毛刷对温湿传感器保护罩进行清理,严重污染或破损的,应及时更换
7	温湿度百叶箱	安装	支架牢固、完好、无杂物
		维护	检查百叶箱顶、箱内和壁缝中有无沙尘、雪等影响观测的杂物,如有及时用湿布或毛刷清理干净
8	气压传感器	维护	静压气孔口保持畅通,无堵塞、进水、破损等现象
			清洁传感器表面灰尘
			检查干燥剂颜色,若潮湿变色应及时更换
		连接	线缆连接牢固,无松动,外皮无老化、破损
9	风向风速传感器	维护	目测风杯和风向标转动是否灵活、平稳,是否有破损;发现异常时,及时处理
		连接	风杆、拉线底座应稳固,风杆应垂直、无明显倾斜,拉线松紧适宜、无锈蚀
10	翻斗雨量传感器	维护	器身保持稳定、水平,高度不得低于 70 cm
			滤网、翻斗内部无杂物、泥沙等,如有需要立即清理
			检查翻斗翻转的灵活性,如发现有阻滞感,及时处理
			用万用表检查干簧管是否正常,不正常需及时更换
			内部清洁完毕完成安装后,应对雨量筒外壁进行一次彻底清洁
		连接	线缆连接牢固,无松动,外皮无老化、破损
11	称重降水传感器	维护	承水口保持水平
			承水口无蛛网及其他堵塞异物
			防风圈保持稳定,无破损现象
		连接	线缆连接牢固,无松动,外皮无老化、破损
		供电	电池电压是否正常,是否有漏液等现象
12	采集器	连接	与传感器连接线缆牢固,无松动,外皮无老化、破损
		维护	用毛刷清除采集器表面和采集箱内外的灰尘
			主采集器电池电压是否正常(不低 13.8 V),是否有漏液等现象
			使用调试软件读取实时数据,并检查,确认采集器工作正常
13	通信单元	维护	检查天线是否有老化破损现象,检查通信单元接头是否有松动现象;检查通信单元参数,与中心站连接是否成功,指示灯是否正常
			清除通信单元表面灰尘
		连接	线缆连接牢固,无松动,外皮无老化、破损

续表

序号	项目	内容	要求
14	供电系统	维护	清除太阳能板表面灰尘
			检查太阳能板安装是否牢靠,安装角度是否正确;不接负载测量太阳能电池板输出电压是否符合要求
			检查蓄电池是否有开裂漏液现象,检查负极板是否有氧化现象,电池线缆接头是否牢固,测量电池输出电压是否符合标称值
			检查电源控制器状态指示灯是否正常,清洁外表灰尘
		连接	线缆连接牢固,无松动,外皮无老化、破损

5.4 观测装备维修

5.4.1 终端命令解析

5.4.1.1 调试软件及工具

自动气象站设备调试、故障维修首先需要通过远程或现场连接读取设备参数或数据进行解析。对于远程方式,有人值守国家级台站可以采用"ISOS 软件—设备管理—维护终端"发送命令,无人值守站采用 SMOS 中心站的"设备终端"发送命令。对于现场方式,使用 USB 转串口线、双母头交叉线和笔记本电脑连接采集器,通过串口调试工具发送命令,进行相关的调试、维修操作。

串口号默认弹出或在"我的电脑/计算机—设备管理器—端口"中查询,首次使用 USB 转串口线需要安装对应型号驱动,采集器通信参数为通常为 9600\8\1\N,发送新行必须勾选,点击打开串口,在命令输入框输入命令后点击发送即可,设置命令时参数用空格隔开(部分设备命令需要使用逗号隔开)。

5.4.1.2 DZZ4/DZZ5 新型自动站维修常用命令

新型自动站维修常用命令解析见表 5.5。

表 5.5 新型自动站维修常用命令解析

序号	命令	解析	适用设备
1	HELP	帮助:显示采集器支持的命令清单	通用
2	DMGD/DHGD	读取分钟/小时数据	
2	AUTOCHECK	设备自检(时间、通信、机箱温度、电压、挂接、传感器通道开闭状态等)	
3	SENST	设置或读取传感器通道状态(1:开;0:关)	
4	SENCO	设置或读取传感器的配置系数(常用于雨量、风速等传感器)	
5	DATE/TIME	设置或读取采集器日期、时间	

续表

序号	命令	解析	适用设备
6	QCPS	设置或读取各传感器测量范围值	通用
7	QCPM	设置或读取各要素质量控制参数	
8	ALT/ALTP	设置或读取测站海拔高度和气压高度	
9	DEVMODE	维护操作命令(常用于降水和蒸发传感器,0:正常工作状态;2:维护状态)	
10	STLX	采集器单温雨/三温雨输出切换,S:单温雨(备份站);M:三温雨(主站)	
11	GMSD	读取雪深分采分钟数据	
12	SAMPLES	读取实时采样数据(SAMPLE +传感器标识:传感器上一分钟所有采样数据)	DZZ4
13	OBSAMPLE MAIN	读取实时采样数据	DZZ5
14	CHGVER	切换采集器温雨框架(1代表温雨融合框架,0代表单温单雨框架)	DZZ5
15	OBSAMPLE TAIR	读取气温多传感器标准控制器实时数据	DZZ5
16	OBSAMPLE RAIN	读取降水多传感器标准控制器实时数据	DZZ5
17	LOGO	查询采集器版本信息	DZZ4
18	VERSION	查询采集器版本信息	DZZ5
19	GETMINDATA!	读取采集器分钟数据	DZZ5
20	SETCOMEX	设置或读取采集器子接口通信参数	DZZ4
21	COMDEV	设置或读取子接口设备标识	DZZ4
22	UPDATE	采集器升级	DZZ4
23	DMPR	下载分钟降水观测数据和状态数据,可指定时间范围(直连协议转换器)	DSC1 称重
24	MES	显示能见度状态和数据信息(直连传感器)	DNQ1 能见度
25	STA	显示能见度传感器硬件状态信息(直连传感器)	DNQ1 能见度
26	TEPEN	无锡雪深温度阈值设置	无锡雪深
27	PROEN	无锡雪深休眠功能设置	无锡雪深
28	SETSDBASE!	设置雪深初始基准值	华云雪深

5.4.1.3 有人值守站独立挂接设备维修常用命令

有人值守站独立挂接设备命令解析见表5.6。

表5.6 有人值守站独立挂接设备命令解析

序号	命令	解析	适用设备
1	HELP	帮助:显示设备支持的命令清单	通用
2	READDATA	读取采集器中最近的一组分钟数据	
2	LOGO	查询采集器版本信息	
3	DATE/TIME	设置或读取采集器日期、时间	
4	DOWN	下载指定时间范围内的历史记录	
5	SETCOMWAY	设置或读取握手机制	
6	AUTOCHECK	设备自检,返回日期、时间、通信参数、设备状态信息等	
7	FTD	设置或读取设备主动模式下的发送时间间隔	

续表

序号	命令	解析	适用设备
8	READMDATA	读取实时雨滴谱数据	DSG1/5 降水现象仪
9	CPDEV	设置加热模式。例如:CPDEV 1 2 6 14 30 —30 (10 W 加热:日落后半小时且温度低于 6 ℃开启,晚上温度高于 14 ℃时关闭或日出前半小时关闭)	DFC1 日照
10	GETALLRES/ GETRES	读取冻土传感器每层电阻值	DTD5 冻土
11	SENSOR PARA	设置冻土传感器观测深度	DTD5 冻土
12	THRESHOLD	设置冻土传感器阈值	DTD5 冻土
13	GETIP	获取主控 IP 地址	HY-WP1A 智能仪

5.4.1.4 智能自动气象站维修常用命令

智能自动气象站常用命令见表 5.7。

表 5.7 智能自动气象站命令解析

序号	命令	解析	适用设备
1	READDATA	读取采集器实时数据 示例:READDATA,YIIP,000	通用
2	COMMNO	读取或设置通信终端号 示例:COMMNO 12345678901	WUSH-PWS10
2	DATETIME	读取或设置日期时间 示例:DATETIME,YIIP,000,2023-11-11,09:44:05	通用
3	ALTP	读取或设置气压海拔高度	通用
4	QZ	读取或设置区站号 示例:QZ,YIIP,000,Y0001	通用
5	ACTMODE	设置数据传输时间间隔 示例:ACTMODE BG 6:1 NONE 5 0 0 0 30 (设置数据上传间隔为 5 min)	WUSH-PWS10
6	SN	获取智能传感器的 SN 号 示例:SN,YIIP,000,YTMP,000 (获取智能温度传感器的 SN 号,其中 YTMP 为气温,其他标识符 YTBR-雨量、YWPD-风、YHMS-湿度、YTPS-气压)	DPZ6

5.4.1.5 常用传感器设备标识符

地面常用传感器设备标识符见表 5.8。

表 5.8 地面常用传感器设备标识符

传感器名称	传感器标识符	传感器名称	传感器标识符
气压	P	草面温度	TG
百叶箱气温	T0	地表温度	ST0
气温 1(三温三雨)	T01	5 cm 地温	ST1
气温 2(三温三雨)	T02	10 cm 地温	ST2
气温 3(三温三雨)	T03	15 cm 地温	ST3
相对湿度	U	20 cm 地温	ST4
风向	WD	40 cm 地温	ST5
风速	WS	80 cm 地温	ST6
翻斗雨量	RAT	160 cm 地温	ST7
翻斗雨量 1(三温三雨)	RAT1	320 cm 地温	ST8
翻斗雨量 2(三温三雨)	RAT2	蒸发量	LE
翻斗雨量 3(三温三雨)	RAT3	能见度	VI
称重式降水	RAW	积雪	SD

5.4.2 设备故障诊断思路及排查分析

5.4.2.1 地面观测设备维修流程

当监控到地面观测设备出现故障影响数据采集和上传，台站需按照新疆气象观测质量管理体系中对应维修作业指导书流程，组织维修活动，并向上级业务管理部门反馈。对于有人值守站主、备份站均出现故障、无法进行替换时，需在天元系统按相关要求填报停机通知单和维修单。

台站维修人员现场确定无法排除故障或故障级别超出本级职责时，应向地(州、市)气象局信息网络与装备保障中心或设备厂家申请技术指导或现场维修，并积极配合开展现场维修活动，直至设备恢复运行。故障排除后，观察设备运行状况和数据接收情况，若未出现异常，则本次维修完成。补发、处理异常数据，填报维修单并向上级业务管理部门反馈。维修过程中有更换备件的，完成维修后应及时进行故障器件的送修。

5.4.2.2 设备故障诊断思路

地面观测设备故障现象主要表现为单/多要素数据缺测、超差、跳变或未通过业务软件质控检验。根据故障原因可分为软件故障、硬件故障和维护问题造成。通常按照先软件、后硬件诊断流程进行故障排查。

软件故障多由参数设置问题和终端机性能等原因造成。对于有人值守站，当终端机出现整站数据采集、传输故障，需要依次检查的项目包括以下几项。

①终端机融合软件、ISOS、对时、消息传输客户端等业务软件是否正常运行，当软件运行异常时需要重启软件或计算机，必要时备份参数和数据文件后重装软件。

②多网卡参数是否和串口服务器、内网匹配，通过 PING 串口服务器和内网服务器检查通信网络是否畅通。

③电脑磁盘空间是否溢满，串口驱动、软件进程是否被杀毒软件禁用或误删。

④操作系统异常或电脑性能下降，更换备用机测试。

对于单要素或独立挂接设备出现故障，需要检查的软件参数包括以下几项。

①设备挂接参数、通道和通信配置参数。

②设备是否处于维护、停用状态。

③传感器系数、采集器质控参数。

④中心站参数、ISOS 软件分钟小时等质控参数。

硬件故障更为常见，可以概括为供电系统故障、数据采集系统故障、通信组件故障和传感器故障。常用故障诊断方法分为替代法和测量法。

替代法：在有设备备份组件的条件下，用好的组件替代“坏”的组件，故障现象消失，则说明分析判断是正确的。

测量法：没有设备备份组件的条件下，当发生故障时，用万用表对自动站的一些组件进行通断、电阻、电压等电参数测量，结合指示灯的状态情况进行分析判断找出故障部位。

诊断思路：在维修前需要熟悉、掌握自动站的设备结构和数据传输流程。在前文排除软件故障后，根据故障现象分级检查设备供电，模拟相关要素数据，终端查看数据分析故障点位，在不同通信点位逐级测量数据信号，逐步排除和缩小范围，判断组件以及电缆的好坏，直至故障解除。

有人值守站数据传输流程见图 5.4，无人值守站数据传输流程见图 5.5。

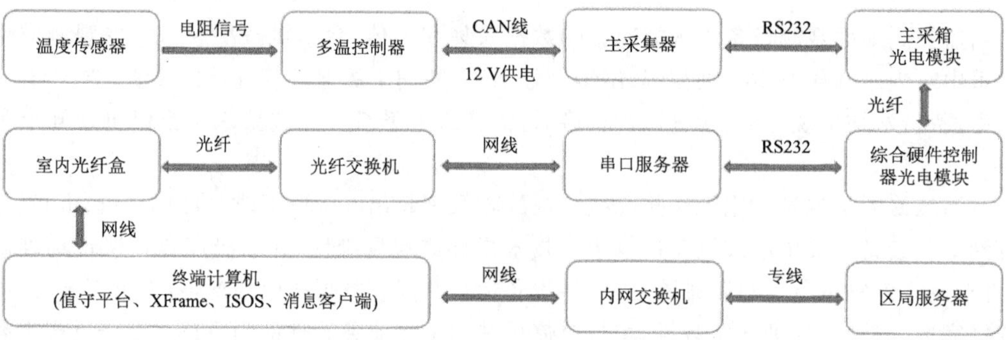

图 5.4 有人值守站数据传输流程(以气温为例)

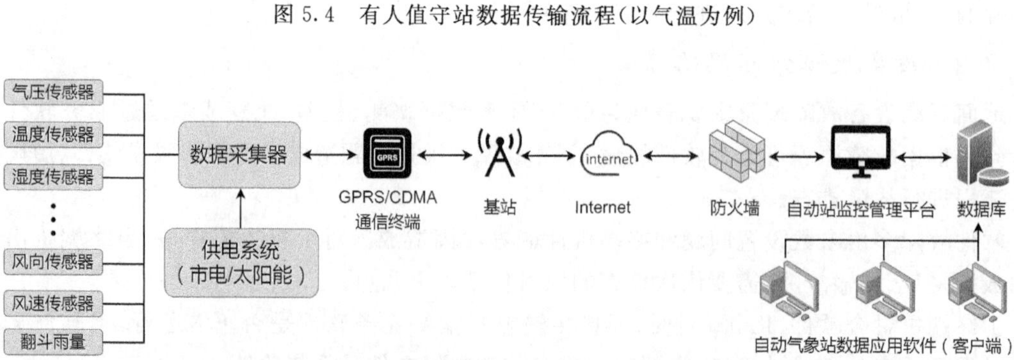

图 5.5 无人值守站数据传输流程(以 GPRS 传输为例)

设备维护不当或不及时同样会造成观测数据异常，影响故障排查。例如雨量筒堵塞、能见度镜头污染、蒸发水位过高、干燥剂失效、称重缺防冻液、设备接地不良等。常见设备故障案例分析详见第7章。

5.4.3 维修工具的使用

在开展自动站设备故障诊断及维修过程中，万用表必不可少，通过万用表对设备电压、电阻、通断等电参数的测量，是判断设备故障原因的最便捷方法。主要测量功能包括以下几点。

①测量电阻：温度检测、电缆检测、雨量检测、电路检测。

②测量电压：交流电、直流电检测、电池检测、湿度信号检测、风向检测、风速检测。

③测量通断：雨量检测、电缆检测、电路检测。

④测量电流：蒸发检测。

如图5.6所示，在使用万用表测量时，请注意选择合适的“档”“量程”和“极性”。还请注意，万用表的“测笔”较粗，操作稍有不当，单笔同时触及二个“点”时，便会导致线路短路。

其他常用的维修工具包括以下几种。

①安装有USB转串口驱动和调试软件的笔记本电脑，用于采集器、通信模块等设备的数据读取和参数设置。

②USB转串口线、通信模块专用调试线、双母头交叉线或双母头转RS232调试线，用于设备和笔记本电脑通信连接。

③SIM卡托及备用卡，用于测试SIM卡、通信模块是否故障。

④四芯或多芯线缆，用于测试线缆通断及更换。

⑤CF卡、读卡器，用于历史数据读取、采集器升级。

⑥蓄电池、传感器、采集器、通信模块、电源转换器、天线等备件，用于设备测试及更换。

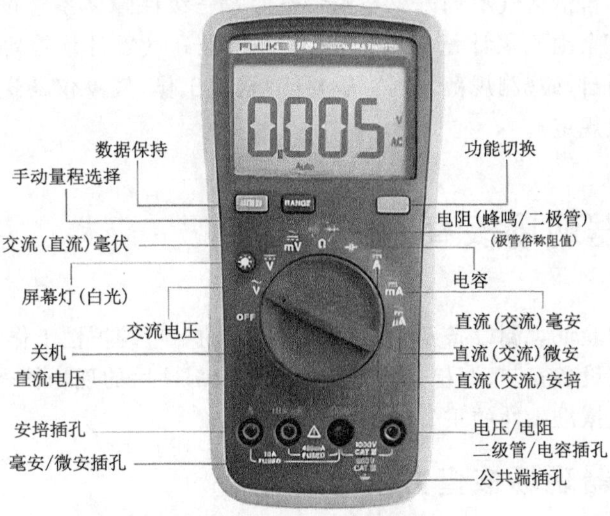

图5.6 万用表档位及功能

第 6 章　装备计量检定

6.1　计量概述

计量是一种对物理量进行测量的活动，计量的目的是获取准确的测量结果。计量在气象装备方面的应用，则会涉及到大气温度、湿度、气压、风速和风向、降水量、辐射等气象要素。

新疆维吾尔自治区气象计量站（又称气象计量检定所）为自治区技术监督管理局授权的法定计量机构，专业从事气象计量工作。气象计量站拥有多项法定计量标准授权，从事气象计量检定方法的研究、技术咨询、气象计量人员的技术培训等工作。作为省级气象计量保障的单位，承担全疆十五个地州 105 个国家级自动站传感器及部分国家天气站的实验室计量检定业务，同时也在逐步开展一些新型设备的应用及研发工作并且开展社会化计量业务工作。

6.2　气象仪器送检要求

根据新疆维吾尔自治区气象局气象技术装备保障三级保障体系建设的要求，为确保新疆国家级气象台为规范全疆气象计量检定工作，进一步提高气象计量检定工作效率，各地（州、市）气象局应按《地面自动观测规范》（第一版）开展送检工作，气象仪器送检要求详见《新疆气象计量检定设备送检规定》。

6.3　气象仪器现场核查

现场核查是日常验证观测设备及其测量系统性能的一项维护性工作。气象仪器现场核查方法为无人值守站在设备安装、巡检、维护、维修或更换部件后的现场核查提供技术依据，是保证无人值守站观测数据准确性的重要基础工作。

6.3.1　气象仪器现场核查方法

6.3.1.1　核查范围

本方法适用于区域站的现场核查。对于现场天气、气候条件恶劣，不能开展核查的，可以室内检定或校准后现场更换。

6.3.1.2 核查时间

业务运行的区域站应每年至少安排一次现场核查，核查时间一般为当地汛期开始之前，可结合设备安装、巡检、维护、维修工作进行。

6.3.1.3 核查记录要求

按照本方法的要求，对核查结果进行记录，并同传感器检定证书等装订于一起，以备检查。

6.3.1.4 疑误数据处理

由于多项要素(如风速、风向、雨量等)设置了数值较大的核查点等原因，导致核查过程中出现异常值，影响无人值守站的正常观测，该异常值称为伪数据。这些伪数据严禁保留在数据采集器或上传到数据库，因此在核查开始前，必须先断开区域站的通信供电系统，待核查结束，将数据采集器中的这部分伪数据删除后(按缺测处理)，再连接通信系统。

6.3.2 无人值守站雨量现场核查方法

6.3.2.1 核查方法

外观检查：传感器应有型号、出厂编号等明显标志。表面不应有明显的凹迹、外伤、裂缝、变形等现象。过滤网、出水口应水流畅通，无堵塞现象，翻斗在翻动过程中应均匀灵活无阻滞现象，翻斗内壁无灰尘附着(可用水或酒精擦洗，严禁用手指或其他物体擦拭，以免沾上油污或擦伤翻斗内壁)，金属件不应有严重锈蚀及其他机械损伤。

6.3.2.2 示值误差核查

外观检查合格的雨量传感器，才能进行示值误差核查。

6.3.2.3 降水量和降水强度选择

降水量：根据被核查传感器承水口内径，选择合适的标称容量。但降水量不应小于 10 mm。在核查过程中，当分辨力大于 0.1 mm 时，可以适当倍增降水量。

降水强度：1 mm/min、4 mm/min。

6.3.2.4 操作步骤

调整传感器使其保持水平状态，安装好传感器外壳，将标准容器注满净水(以纯净水为宜)。先后以 1 mm/min、4 mm/min 降水强度向被核查传感器承水口内注水，每个强度各核查 3 次，依次记录在核查记录表中。

6.3.2.5 示值误差计算

分别计算两种雨强下雨量核查的示值误差，将两种雨强下示值误差绝对值最大的示值误差作为雨量的核查结果(修约到 1 位小数)，如果两种雨强下示值误差的绝对值相同时，可任意取其中一个示值误差值作为核查结果，建议取正值。

6.3.3 DSG1 雨滴谱仪现场核查方法

6.3.3.1 核查原则

PCL32 雨滴谱校准仪在出厂前必须进行严格的校准程序，以确保其准确性和可靠性。对于 DSG1 雨滴谱仪，其首次使用后的 45～90 d 内应进行一次现场核查。之后每年进行一次现场核查。此外，每次维修仪器后都应进行现场核查以确保其性能。用户应使用 PCL32 雨滴谱校准仪套件进行这些校准工作，详细的核查依据及记录请参见附录。

6.3.3.2 现场核查环境要求

进行现场核查标定时，应确保天气晴朗，且能见度大于 10000 m。同时，空气温度应保持在 10～30 ℃，风速不超过 5 m/s，相对湿度(RH)不高于 80%。这些条件有助于确保核查结果的准确性。

6.3.3.3 现场核查方法

①通知值班室内的工作人员，在 ISOS 软件中将降水现象仪设置为维护状态。

②断开降水现象仪机箱内光纤转换器下端的数据端接口(七芯)。

③将协议转换器上的 AB 端子线拔下，并连接到 485 转 232 接口的 RT＋和 RT－接口上(A 端黄线接 485 的 RT＋，B 端绿线接 485 的 RT－)。

④将 USB 转 232 数据线的 232 串口端与 485 转 232 接口的 232 端连接。

⑤使用串口助手软件，将传输波特率从 19200 修改为 9600，并输入大写“CS/C/R/9600”后点击发送。当显示“OK”时，表示波特率已成功修改。

⑥将航天新气象厂家提供的数据线航空插头端插入到 PCL32 雨滴谱校准仪的“便携 DSG4 Parsivel 输入”端口上。

⑦断开 USB 转 232 数据线的 232 串口端，并将其插入到 PCL32 雨滴谱校准仪的“便携 DSG4 RS232 输出”端口上。

⑧使用航天新气象厂家提供的数据线接线端子(三芯：黄/绿/屏)与协议转换器上的 AB 端子线进行连接(A 端黄线接绿，B 端绿线接蓝)；同时，将降水现象仪的电源线(棕/白)与无锡厂家提供的数据线两芯接线端子(棕/白)进行连接(棕对棕，白对白)。

⑨通过串口助手软件输入大写“PARSIVELSET”并点击发送。当显示：“OK 回车 OK 回车 OK 回车 T”时，表示设置成功。

⑩拔下航天新气象厂家提供的数据线航空插头端，并将其插入到 PCL32 雨滴谱校准仪的“Parsivel 传感器输入”端口上。

⑪拔下 USB 转 232 数据线的 232 串口端，并将其插入到 PCL32 雨滴谱校准仪的“校准仪 RS232 输出”端口上。

⑫将雨滴谱模拟器安装到降水现象仪上(注意：DSG1 雨滴谱仪带黄标的是接收端，不带黄标的是发射端)。确保雨滴谱模拟器石英转盘端朝向发射端(窗口靠近发射端)，而转盘电机端对准接收端。

⑬将雨滴谱模拟器数据线缆的航空插头端插入到 PCL32 雨滴谱校准仪的“滴谱模拟器输入”端口上。

⑭暂时关闭串口助手软件。

⑮打开 PCL 校准软件，并点击“配置”按钮。在“标校信息配置”中，将通信配置的波特率设置为“9600”，模式配置选择“标校模式”。保存配置并重新启动软件以应用更改。

⑯重新启动校准软件后，点击“开始”。雨滴谱模拟器石英转盘将开始从 150 转、350 转、1250 转、2050 转逐步提升进行转动。在校准软件和 PCL32 雨滴谱校准仪的 TUNYO 显示屏上都可以实时查看转速数据。

⑰十分钟后，校准软件将出现“标校配置更新确认”对话框。选择“是”将本次记录设置为“标校依据”，以便下次标校时参考；选择“否”则下次标校将使用此传感器的第一次记录作为标校依据。确保所有状态均为“符合”以完成一次有效的标校。

⑱对校准软件显示的报告进行截图并打印盖章以备存档。

6.3.3.4　设备复位

①从 PCL32 雨滴谱校准仪的“校准仪 RS232 输出”端口上拔下 USB 转 232 数据线的 232 串口端，并将其重新连接到 485 转 232 接口的 232 端上。

②断开协议转换器上的 AB 端子线与航天新气象厂家提供的数据线接线端子的连接。

③重新连接协议转换器上的 AB 端子线到 485 转 232 接口的 RT＋和 RT－接口上（A 端黄线接 485 的 RT＋，B 端绿线接 485 的 RT－）。

④打开串口软件助手，设置波特率为 9600，并输入“CS/F/1”命令以恢复默认设置。当显示“Setup config to default…Done”和“Setup parameter set to default … Done3％”时，表示已成功恢复出厂设置。

⑤断开协议转换器上的 AB 端子线与 485 转 232 接口的 RT＋和 RT－接口的连接，并将其重新接回到协议转换器上的 AB 端子上。

⑥断开降水现象仪机箱内的 220 V 供电空气开关，并断开蓄电瓶供电线。

⑦重新连接降水现象仪机箱内光纤转换器下端的数据端接口（七芯）。

⑧重新接通蓄电池电源线，并合上机箱内的 220 V 供电空气开关以恢复供电。

⑨通知值班室内的业务人员，在 ISOS 软件中点击降水现象仪维护结束按键以结束维护状态。

6.3.4　能见度仪现场核查方法

6.3.4.1　校准原则

①出厂校准：DNQ1 能见度仪在出厂前必须进行严格的校准程序。通常情况下，若仪器未发出警告或报警信号，则无需进行重新标定。

②周期性检测：为确保仪器的准确性和可靠性，建议每六个月对能见度仪进行一次周期性检测。用户应使用专用的校准套件进行此项操作。

③现场核查与误差范围：在进行现场核查时，若数据显示误差在±5％以内，则无需进一步核查或校准。然而，若误差超出此范围，即大于 5％，则必须重新对仪器进行标定。

6.3.4.2　现场核查校准环境要求

在进行现场核查标定时，应确保能见度大于 10000 m。此外，为避免干扰测量结果，不建议在大雨或阳光极强的条件下进行现场核查标定。在这些不利条件下，阳光直射标定片可能会增加散射测量的噪声，导致 CHEC 命令的输出不稳定。

6.3.4.3　现场核查校准前准备工作

①通知与设置：首先，通知值班室内的工作人员，并在 ISOS 软件中将能见度仪设置为维护状态。

②断开连接：小心地从自动站主采集器上拔下能见度仪的接线端子。

③镜头清洁：对能见度仪的发射单元和接收单元的镜头进行仔细清洁。使用异丙醇润湿

无绒软布，然后轻轻擦拭镜头表面，确保不留下刮痕。同时，检查镜头是否干燥，以验证镜头加热功能是否正常工作。此外，还需确保护罩和镜头上无冷凝水、积雪或积冰，并清除护罩内外表面的灰尘。

④连接与设置：将能见度串口连接线通过串口线连接到计算机终端(绿-RX、黄-TX、灰-GND)，同时确保防雷板上的485线保持不动。接下来，使用串口助手软件设置适当的串口号、波特率、数据位和停止位。通常情况下，设置为9600\N\8\1；若无数据接收，则尝试设置为4800\N\8\1。

⑤指令输入与测试：输入指令“OPEN”，若显示“PWD OPENED FOR OPERATOR COMMANDS”，则表示前期所有线路接入正确。接着输入指令“ZERO”，若显示“ZERO SIGNAL：OK”，则进入下一步。

⑥安装散射片：小心取下能见度仪接收端的挡板，并将清洁的TRANSMITTER(541)标定片安装到发射端(小头)，使用随附的螺丝拧紧固定。同样地，将清洁的RECEIVER(541)标定片安装到接收端(大头)并拧紧螺丝。

⑦信号测试与核查：若终端显示“LINE CLOSED”，说明前期OPEN命令后等待时间过长导致自动关闭状态。此时需再次输入指令“OPEN”以重新打开测试状态。确认显示“PWD OPENED FOR OPERATOR COMMANDS”后，输入指令“CHEC”进行测试。记录显示的信号数值，并与标定片上的数值541进行对比。若信号数值在513.95～568.05(即±5%误差范围内)，则无需进一步操作。

⑧退出模式与设备归位：选择串口助手软件中的HEX发送项(十六进制模式)，输入“1B”以退出CHEC模式。此时应显示“>”符号表示已成功退出。最后，将设备归位并重新插上自动站主采集器上的能见度仪端子。在值班室内的ISOS软件中结束能见度仪的维护状态设置。

⑨重新标定：若信号数值超出±5%误差范围(即信号数值<513.95或>568.05)，则需要进行重新标定。使用串口助手软件输入“CAL 541”(其中541为标定片信号值)进行标定操作。观察显示的信号数值是否接近或等于标定片信号值541。若光学单元被更换且新比例系数与初始比例系数变化超过20%，则忽略数值和CAL命令，并在标定程序中使用“FCAL”命令(工厂标定)进行替代操作。

6.4 检定证书

检定证书是证明计量器具已经过检定，并获得满意结果的文件。它通常由国家权威部门颁发，如一些技术监督局或者行业内部的权威机构，是用于法律诉讼、贸易结算、安全防护、医疗卫生、环境监测等方面，作为证明计量器具准确性和可靠性的重要依据。

检定证书的有效期一般为一年，个别传感器依据不同的检定规程有效期可在2～5年内浮动，超过检定有效期需要将设备进行重新检定。检定证书在计量器具的使用和管理中具有重要的作用，它可以确保计量器具的准确性和可靠性，从而保证测量结果的准确性和可靠性。

全疆气象设备经过气象计量检定所检定合格过后均会为已检设备颁发检定证书，检定不合格的设备会颁发检定结果通知书，检定证书内容见表6.1。

表 6.1 检定证书内容

证书页码	包含内容	备注
1	名称、型号、规格、制造单位、检定结果、检定依据、检定日期	检定证书需加盖检测机构检定专用钢印方才生效
2	开展检定时的环境信息以及所使用的计量标准设备的信息	内容均为检测机构所用设备，与送检设备无关请勿混淆
3	检定结果，包括标准值、被测值、误差（修正值）、检定结论等信息	实际使用时请务必使用修正后的结果

台站在收到检定证书后应及时核对证书与实际传感器信息是否存在差异，若证书与实际传感器信息不符应及时联系区局计量检定所相关工作人员。核对无误后将该传感器的计量检定信息及时录入 ISOS 软件中，并将检定证书上传至综合气象观测业务运行信息化平台（天元）的计量检定模块中。

检定结果通知书是一种正式的文件，用于传达计量器具的检定结果。一般计量器具检定不合格时会颁发检定结果通知书。检定结果通知书需加盖检测机构检定专用钢印方才生效。

与检定证书唯一的区别在于检定结果通知书首页的检定结论为不合格，第三页的检定结果会显示“该计量器具不符合技术标准”字样。

6.5 计量信息录入

根据《新疆维吾尔自治区气象局气象观测质量管理体系》的要求，台站在收到设备检定证书后应将证书信息上传至综合气象观测业务运行信息化平台（天元）的计量检定模块中。全国气象计量业务信息系统登录入口需从天元登录，天元访问路径为：http://10.40.26.162。

若登录用户是在天元系统刚刚建立的，系统权限会自动同步到全国气象计量业务信息系统中，此时需要关闭全国气象计量业务信息系统再由“天元”重新打开本系统，便可看到左侧菜单。等待 1 min 仍未出现左侧菜单，请联系本省计量管理员分配权限给此登录用户。

仪器检定情况为当前检定机构所有的设备信息，数据来源为“天元-供应管理”模块中的数据自动同步而来，通过修改来维护仪器相应的检定信息（检定日期、有效期、检定员等），数据同时可以同步回“天元-供应管理”中的仪器信息，从而实现“天元”系统的数据一致性。

第7章　自动站常见故障案例分析汇总

7.1　通用软硬件故障处理分析

7.1.1　ISOS 软件所有独立挂接设备数据缺测

故障现象：主站 ISOS 软件首页显示新型站、降水现象仪、日照等所有独立挂接设备数据未采集。

故障点：ISOS 软件、网卡、光纤交换机、串口服务器、通信线缆。

处理方法：

①检查终端计算机中用于数据采集的本地连接网卡是否被禁用、IP 网段是否变动。打开串口服务器驱动软件（无锡为 NPORT、华云为 SMOPORT），检查是否能正常连接串口服务器，串口参数是否正常。若都正常，可能为 ISOS 软件故障，关闭 ISOS 软件使用 SSCOM 串口调试助手分别连接各独立挂接设备测试。

②若 NPORT、SMOPORT 软件不能正常连接串口服务器，使用万用表依次检查室内光纤交换机、室外光纤交换机和串口服务器等组件直流供电是否正常。

③若各组件供电正常，借助另一台安装过串口服务器驱动的笔记本电脑，分别在室内光纤交换机、室外光纤交换机和串口服务器端网线直连，使用 SSCOM 串口调试助手读取挂接设备数据测试。根据图 5.4 数据传输流程判断故障点，重启或更换故障组件，直至各设备数据稳定采集。

7.1.2　ISOS 软件数据报文发送异常

故障现象：ISOS 软件报文积压，首页数据采集正常。

故障点：内网专线、消息传输客户端、区局服务器。

处理方法：

①使用主站计算机和其他内网业务机分别 PING 区局报文接收服务器和州局核心交换机，判断内网专线是否畅通。若内网专线中断，应立即启动北斗应急通信发送报文，同时检查本地交换机和路由器是否正常，联系州局保障中心排查通信线路。

②在内网专线正常的情况下，在台站传输群反馈信息，询问其他台站是否出现同样情况。若其他台站同时出现报文异常积压，则可能是区局服务器端异常，反馈区局信息中心解决。

③如果只有本站出现报文传输异常，且内网专线畅通。需进一步检查消息传输客户端和

ISOS 软件报文路径参数是否正确，重启计算机或重装消息传输客户端软件。若故障仍未解决，联系 ISOS、消息传输客户端软件开发技术人员远程协助或更换使用备用机。

7.1.3 ISOS 软件独立挂接设备数据缺测

故障现象：ISOS 软件某个或多个独立挂接设备数据停止采集。

故障点：软件参数、观测场通信组件、采集器、传感器。

处理方法：

①检查 ISOS 软件异常设备的通信参数是否正常，在维护终端发送命令检查是否有数据返回。若有，继续检查采集器时间和 ISOS 软件是否一致，部分设备握手机制是否为被动，是否出现窗口污染和异常状态码。若有窗口污染和异常状态码，需要现场维护设备和测试。

②对于新型站，需要发送 SLTX 命令检查采集模式是否正常（主站为 M，备份站为 S），同时检查融合软件的 Xframe 通信状态是否为已建立、业务值守平台报警提示。当融合软件显示异常，ISOS 软件使用原主站串口可正常采集数据，则需重装融合软件。

③当出现 2 个独立挂接设备同时停止采集，发送命令通信超时，取消挂接一个设备观察另一个设备是否恢复，若另一个设备恢复正常，则表明故障设备造成串口服务器通信堵塞。需要重启串口服务器，现场维修故障设备后再接入串口服务器。

④当故障设备在 ISOS 软件维护终端发送命令无回应时，需要到观测场检查设备和通信组件供电是否正常。直连设备测试是否正常采集数据，若直连数据正常，则为采集器至串口服务器通信组件故障，重启或更换备件测试。若直连数据异常，则为采集器或独立传感器异常，重启或更换备件测试。

7.1.4 国家新型站地温、多温多雨等分采集器数据缺测

故障现象：地温、温湿度或三雨数据缺测。

故障点：CAN 线、分采集器。

处理方法：

①检查分采集器供电是否正常。

②检查分采集器状态、CANR、CANE 灯是否运行正常，当 CANE 灯闪烁代表主采至分采 CAN 线通信异常，取下两端 CAN 线插头，使用万用表通断档测试 H、L 线是否短路或断路。

③当分采集器状态灯异常时，重启分采集器判断是否是采集器挂死或故障，可以用笔记本电脑直连分采集器读取数据进一步验证。

④由于地温分采、多温控制器和多雨控制器采用 CAN 线并联接入主采集器 CAN 口，在带电拔插某一 CAN 线时有时会影响另一路 CAN 线传输，当以上三步检查均正常时，需要将缺测分采集器断电重新接入 CAN 口才能恢复。

7.1.5 国家新型站单要素数据异常

故障现象：业务值守平台、ISOS 软件要素数据缺测或超差。

故障点：参数配置、供电、通信、传感器。

处理方法：

①检查传感器在业务值守平台和 ISOS 软件中是否挂接。

②在维护终端发送命令查看主采集器中传感器参数配置是否正确。发送"SENST＋传感器标识符"或"AUTOCHECK"命令查看传感器通道状态(1为打开,0为关闭);发送"QCPS、QCPM＋传感器标识符"查看采样值是否超极值和质控值;发送"SENCO＋传感器标识符"查看传感器系数是否变化;对于主采挂接的能见度、气压、雪深、称重等串口通信传感器,检查子通道配置是否正确。

③使用万用表测量传感器供电是否正常。通常温度传感器、雨量传感器不需要供电,风向风速传感器供电电压为5 V,其他传感器为12 V。

④检查传感器至采集器端线序是否正常,取出两端插头,使用万用表通断档测量各线缆是否断路、短路。

⑤对于模拟量传感器,可以直接使用万用表测量其输出信号是否正常。例如温度传感器为四线制电阻,同端(1和2、3和4)为小电阻,异端(1和3、1和4、2和3、2和4)为大电阻;湿度输出电压0～1 V对应数值0%～100%;蒸发输出4～20 mA电流信号对应0～100 mm蒸发水位;风速通过频率和系数换算;风向通过格雷码转十进制推算;雨量通过测量干簧管通断信号判断。

⑥使用替换法更换备用传感器判断。对于地温传感器,可以在分采集器上交换上下两层端子测试,判断分采集器内部端口是否故障。

7.1.6 国家气象观测站和省级气象观测站数据未到报

故障现象:中心站或业务平台监测到区域站点数据未到报。

故障点:基站信号、通信模块、供电、主采集器。

处理方法:

①中心站查看站点近期到报时间,当出现数据堆积到报或延迟到报频繁,说明站点基站信号不稳定,需要更换通信卡测试、加装信号放大器或联系运营商解决。

②在物联网平台中查询站点卡号是否超流量或锁定,若有需联系运营商解决。

③中心站查看站点最近小时状态电压信息,当电压低于11 V或降压过快,说明区域站供电系统异常。需到现场检查蓄电池是否馈电,太阳能板是否被遮挡、输入电压是否大于12 V。观察电源转换器指示灯,充放电是否正常,负载电压是否大于11 V(当蓄电池电压过低,转换器启动过载保护切断负载输出,待蓄电池充足电后恢复),采集器、通信模块供电是否正常。部分区域站还需检查保险丝是否熔断。

④现场连接采集器读取数据,查看采样数据是否正常,若无法连接或数据异常,需要重启采集器或更换备用采集器测试。

⑤现场观察通信模块指示灯是否正常闪烁,使用手机测试基站信号是否可以正常联网,将可以正常联网的手机卡插入通信模块,观察指示灯闪烁情况和数据传输情况,判断是否为通信模块、天线故障或物联卡损坏。

7.1.7 ISOS软件报文无法生成

故障现象:ISOS软件无法生成报文、需要人工补录发报、某独立挂接设备采集率为空、其他设备采集正常。

故障点:ISOS软件、独立挂接设备。

处理方法：

某独立挂接设备故障，其ISOS软件采集率持续为空，进而造成软件内部通信阻塞，造成其他设备采集异常或报文生成。需要将该异常设备取消挂接，恢复其他设备采集和报文传输。参照7.1.3节的处理方法，维修该独立挂接设备，设备正常后重新挂接。

7.1.8 ISOS软件雪深间歇性缺测

故障现象：雪深分钟数据间歇性缺测。

故障点：对时软件、通信线缆。

处理方法：

①当ISOS软件雪深分钟数据出现间歇性缺测，首先检查业务值守平台中对应时段主站雪深是否有数据，其他数据是否有B站替换情况。由于目前国家站只配备了一套雪深仪，当采集器对时出故障时，B站数据超前，融合软件误将B站整套分钟数据传输至ISOS软件，造成B站无挂接的雪深缺测数据替换A站正常雪深数据。

②当ISOS软件、业务值守平台雪深数据同步缺测，需到观测场雪深分采读取数据，若数据正常，则为雪深分采至主采集器通信异常，检查两端接线端子是否牢靠，取下RS232通信线缆测试是否有短路、断路情况，必要时外接备用线缆测试、验证。

7.1.9 天气现象智能观测仪主控中无图像

故障现象：天气现象智能观测仪安装过程中查看单个摄像头，如：鱼眼、长焦、短焦都有图像，但进入主控制器中“图像查看”选项却不能看到每个摄像头图像；进入主控制器页面中“参数设置”主控制器网关，无法修改。导致视频和图片文件无法上传。

故障点：主控制器参数设置过程中相对应的摄像头IP地址没有设置正确、各个摄像头参数设置有误、浏览器选择有误、主控制器内置软件有误。

处理方法：

①检查主控制器与每个摄像头对应的IP地址重新校对、确认。

②登录每个摄像头，选择配置－网络－高级配置，进入集成协议界面，检查“ONVIF”选项是否勾选。重新勾选此选项点击保存，再进入主控页面查看摄像头对应图像是否恢复。

③主控制器网关无法修改是因为WEB版本过低并且浏览器要选用360极速浏览器，浏览模式也须在极速模式下。使用华云技术人员提供的升级包将主控的WEB版本升级，用360极速浏览器在极速模式下修改网关参数，检查图像数据是否正常上传。

7.1.10 天气现象智能观测仪网页无法登录

故障现象：天气现象智能观测仪主控网页无法登录，主控IP无法PING通，3个摄像头网页可以登录、PING通；主控页面能断续登录、故障时间无规律。

故障点：主控制器故障、主控制器与交换机之间网线虚接。

处理方法：

①重新拔插主控与交换机的连接网线。

②更换主控与交换机的连接网线和对应网口测试。

③更换主控并升级至最新版本。

7.1.11 冻土自动观测仪无法正常采集

故障现象：冻土自动观测仪安装完毕后，在 ISOS 软件中无法正常采集数据。

故障点：数据线连接错误、ISOS 软件与采集器对时。

处理方法：

①检查冻土自动观测仪采集器和综合硬件控制器之间数据线连接情况，正确接线为 R-T、T-R、G-G。

②在冻土自动观测仪采集器端使用串口调试软件读取设备数据，检查采集器是否正常。

③检查 ISOS 软件中冻土自动观测仪的挂接参数是否为 9600\8\N\1，ISOS 软件时间和冻土自动观测仪采集器时间是否一致。

7.2 华云设备故障分析

7.2.1 华云主采集器(HY3000)数据全要素缺测

故障现象：华云主采集器(HY3000)数据全要素缺测。

故障点：电源故障、通信链路、CF 卡。

处理方法：

①测量主采集箱内防雷板 50、51 口输入电压和主采集器端子供电电压，正常应≥12 V，若电压异常偏低，则为电源故障，排查蓄电池、开关电源及交流供电是否正常。

②检查主采的 CF 卡是否写满，使用电脑格式化 CF 卡重新插入。

③直连主采集器读取数据，若无法读取，更换或重刷采集器内核版本至最新版。

④排查主采到综合硬件控制器数据传输链路。主采和综合硬件控制器通过光纤连接，设备为一根光纤和两个通信模块，测量通信模块供电电压，正常应≥12 V。目测通信模块上的“RX”和“TX”灯的闪烁情况，有收发数据时应闪烁，使用激光笔检测传输光纤是否畅通。

7.2.2 华云雪深观测仪接入到主采集器故障及处理方法

故障现象：雪深观测仪更换位置后再接入到主采集器后，雪深数据缺测。

故障点：雪深传感器故障、供电故障、雪深数据线受损、采集器雪深部分故障。

处理方法：

①使用笔记本电脑、USB 转串口线和双母头 232 交叉调试线直连雪深分采集器“DEBUG”口，打开串口调试软件选择正确的 COM 口和波特率，发送命令：“SETSDBASE! ↙”(注：此命令是设置雪深初始基准值的)，发送命令“GETMINDATA! ↙”，若返回雪深分钟数据(见图 7.1)，说明雪深传感器正常。

②检查雪深分采集器到新型站主采集器机箱的数据线。检测方法：使用备用两芯线将主站主采机箱防雷板 39、40 端口雪深数据信号跨接到备份站相对应的端口，设置备份站“ISOS”雪深挂接相关参数，从备用站“ISOS”软件上查看雪深分钟数据，若数据显示正常，表明雪深分采集器到主采集器之间数据线无故障。

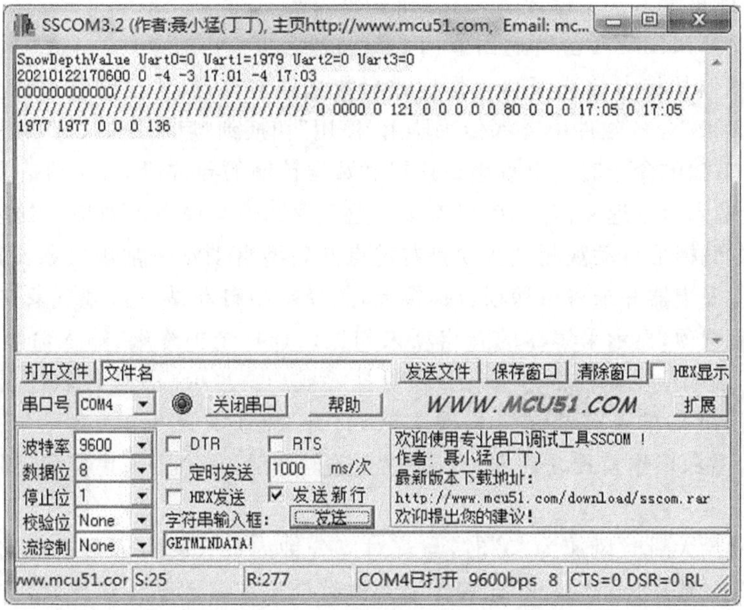

图 7.1　雪深分钟观测数据

③检查防雷板到主采集器 232-3 口的数据线或接线端子，使用备用两芯线并联主站和备份站主采 232-3 口接线端子的“R”和“T”插孔，再从备用站 ISOS 软件上查看雪深分钟数据，若数据显示正常。则主采箱线缆无故障。

④检查主站主采集器，将主采集器升级到最新版，在 ISOS 软件中打开“维护终端”选择“新型自动站”端口，发送命令“OPENCOM COM2 ↙”(雪深通道数据透传)，再发送命令“GETMINDATA! ↙”或“GMSD ↙”，正常情况下能返回雪深分钟数据，若无，即确定是主站主采集器的 232—3 口故障，更换主采集器。

7.2.3　华云主采集器升级至 2.36 版本后数据异常

故障现象：主采集器升级至 2.36 版本后，主采集器数据异常，数据接收时有时无。

故障点：主采集器升级软件有错误。

处理方法：

①主采升级后部分台站参数会被重置，此时需要重新写入主采集器。以区站号为例，在“ISOS”业务软件首页左侧的树形自动观测挂接项目右键点开新型自动站→采集器监控操作命令→区站 ID，弹出对话框，会显示采集器区站号与主机区站号不一致。修改方法：点击下载到采集器，弹出“写入采集器成功”对话框，说明区站号已写入完成。台站经、纬度、观测场海拔高度、气压传感器海拔高度、时差的修改方法相同。

②湿度测量范围值被重置，主采集器默认的相对湿度测量范围为：5%～100%，新疆属于干旱地区，在夏季部分台站会出现湿度低于 5%的情况，因此需要将相对湿度的测量范围修改为 0%～100%。修改方法：打开 ISOS 业务软件的维护终端，输入命令“QCPS U 0.0 100.0 5.0 ↙”，返回值：T，修改成功。

③称重式雨量传感器挂接参数选项和工作模式被修改，升级前挂接选项和工作模式均为

“1”升级过后均被重置为:0。修改方法:在维护终端输入命令“SENST RAW 1 ↙”,返回值:T,输入命令“RAWMODE 1 ↙”,返回值:T,修改成功。

④雪深传感器挂接参数选项和工作模式参数选项被重置,移位前雪深传感器是处在“停用”状态。将“ISOS”业务软件中雪深传感器由“停用”切换到“启用”的状态,在业务软件“维护终端”输入有关雪深的命令时会出现串口连接和数据传输的异常情况:自动站雪深数据会时有时无,维护终端输入命令返回信息:串口连接失败或返回值与命令不对应。处理方法:“ISOS”业务软件首页左侧树形自动观测挂接项目右键点开新型自动站→常规气象要素→雪深,选择“开启”。此时主采集器并未将雪深项目挂接上,选择新型自动站→常规气象要素→右键点开雪深传感器开启选项,显示采集器的开启项未勾选。选择维护终端,输入命令“SENST SD 1 ↙”,返回值:T,表明主采集器中雪深观测项目挂接成功。当 ISOS 业务软件雪深分钟数据异常须修改雪深传感器的工作模式。修改方法:打开“维护终端”输入命令“SNOWMODE 0 ↙”,返回值:T,雪深工作模式设置成功。完成上述操作后,重启主采集器和“ISOS”业务软件,雪深数据恢复正常。

⑤当分钟内最大瞬时风速为“0”时,与其对应分钟内最大瞬时风速的风向为:“///”(注:“///”为“缺测”)。数据显示“缺测”代表传感器没有挂接或是数据传输异常,这与实际情况不相符。风速为“0”时,对应风向数值无指示意义,因此在风速为“0”时,风向按“///”处理,而地面气象技术规范指出当风速为“0”时风向标会固定在某一位置其所对应的格雷码也是固定的,因此会有一个方位角度值,该问题已向软件开发人员进行了反馈。后续软件升级过程已将此问题解决。

7.2.4 华云主站风速故障及处理方法

故障现象:主站风速缺测。

故障点:风速传感器损坏、风速线缆损坏、采集器风速处理单元故障。

处理方法:

①更换风速传感器,风速数据未恢复。

②台站人员反馈:风速数据在前期更换风速传感器后缺测,初步怀疑是在更换过程中将风速线缆上航空头拧坏。测量风速信号的输出电压为 4.0 V(正常值应在 3 V 左右),确定风速线缆损坏。风速线缆分为两段:上段连接风速传感器到风横臂接线盒,下段连接风横臂接线盒到主采集器。下段损坏的可能性较低,上段人为接触较多,故障率较高。更换连接风速传感器航空头至风横臂接线盒段线缆,风速数据未恢复。上段中连接风速传感器的一端为五孔的航空头,连接风横臂接线盒一端为三芯线,将万用表拨至蜂鸣档,一只表笔连接三芯线中的其中一根,另一只表笔连接航空头中五孔中的某一孔,正常会有蜂鸣声。原先线缆无蜂鸣声,更换后的三芯线缆中两根有蜂鸣声另外一根没有蜂鸣声,判定:原来的线缆三芯全部损坏,更换的线缆三芯中有一芯损坏。重新焊接,安装后风速恢复正常。

7.2.5 华云主站风速偏大

故障现象:主站风速值明显大于备份站,人工目测与备份站风速值接近。

故障点:风速传感器故障、采集器风速处理单元故障。

处理方法:

①更换正常的风速传感器。更换后主站的风速值持续偏大，故障点排除风速传感器。

②测量主、备站的风速信号电压，风速正常工作时电压应是直流 3 V 左右，测量值都是 3.5 V，判定：风速传感器到采集器线缆正常。台站人员反馈：前几日排查过风速传感器并且修改了某个参数，在主、备站"维护终端"发送命令"SENCO WS ↙"(查询风速参数命令)返回值不一致，经咨询华云客服主站参数错误。修改主站风速参数命令"SENCO WS 0.3 0.0489 0.0 0.0 ↙"，修改完后必须重启主采集器，使采集器重新自检，否则参数设置不成功。

7.2.6 华云备份站湿度传感器缺测

故障现象：备份站相对湿度数据缺测。

故障点：湿度传感器损坏、温湿分采中湿度传感器连接线损坏。

处理方法：

①拧紧湿度传感器连接线，将主站与备份站湿度传感器对调连接，备份站相对湿度仍然缺测。打开温湿分采盒测量相对湿度供电电压为 5 V(正常)。测量相对湿度输出信号电压，测量结果为 0.04 V，与主站湿度示值"5%"对比结果一致，说明温湿分采中相对湿度输出信号正常。为了避免测量值太小可能产生疑误，人为改变测量环境测试，用手握住湿度传感器再进行测量，电压值升 0.7 V 左右，故障点排除湿度传感器。

②温湿分采故障率较高，直接将湿度传感器接入主采 CH2 通道上，CH2 通道接入湿度传感器电压信号(注：必须先将主采程序更新为区域站版本，目前国家站温、湿度接入主采使用的是"CAN"总线信号，国家站主采程序 CH1、CH2 通道为关闭状态。数据只能通过笔记本电脑直连采集器，使用"RS232 调试软件"读取)。直连后湿度数据仍然缺测，故障无法排除。恢复至初始状态，结束维修一个小时后相对湿度数据自行恢复且传输正常。原因分析：可能与观测场接地电阻有关，接地不良导致传输信号受到干扰。

7.2.7 华云温湿度传感器数据跳变

故障现象：备份站温湿分采与百叶箱接线盒的数据线连接后温湿数据无法正常输出，湿度电压值、温度电阻值测量正常，连接温湿 CAN 线后，温度的电阻值出现跳变。

故障点：温湿度传感器数据线接地不良、温湿数据线连接有误。

处理方法：

重新连接百叶箱中温湿度接线盒接地线，再次检查接线盒中连线顺序，确定湿度接入电源的正、负极与传感器的正、负极是否连接正确。发现故障原因为：电源正、负极与传感器正、负极反接，正确连接电源线后故障排除。

7.2.8 华云国家级台站地温 0 cm 数据缺测

故障现象：主站 0 cm 地温数据缺测。

故障点：0 cm 地温传感器损坏、地温接线盒 0 cm 连接线松动或脱落、地温分采故障。

处理方法：

①更换主站 0 cm 地温传感器，拧紧浅层地温接线盒内 0 cm 地温传感器连接线端子(0 cm 地温传感器到浅层地温接线盒，浅层地温接线盒到地温分采箱)，测量主站浅层地温接线盒的上、下接线排通断均正常，排除该故障点。

②检查主站地温分采连线：正常。笔记本直连主站地温分采，输入命令“GETMINDATA！↙”(注：命令中的感叹号是在英文状态下输入)返回值显示 0 cm 地温缺测，将主站的草温传感器端子接入 0 cm 接口再次输入命令，0 cm 地温仍然缺测，初步判断：地温分采故障。将备份站 0 cm 地温通过一根 4 芯线跨接到主站地温分采 0 cm 接口，再次输入命令返回值中 0 cm 地温有数据，表明主站地温分采无故障。

③判断故障点应在传输线路上，使用万用表的电阻挡测量接入地温分采箱航空头的 5 根针脚测得一大、一小电阻值，通过电阻与温度关系式得到一个温度值，对比备份站 0 cm 地温值结果基本一致。再次用万用表的通断档测量与航空头连接地温分采箱母头一端，其中一根线测量不通，拆开发现线路断开，与华云风速传感器航空头内部线缆脱焊类似。焊接好线缆接入地温分采箱，0 cm 地温数据恢复，故障排除。

7.2.9 省级气象观测站地温数据缺测

故障现象：某省级气象观测站为 7 要素站带地温，除地温外其他传感器接入主采后均能正常显示。

故障点：地温信号线接入主采线序错误、地温变送器故障。

处理方法：

①拧紧地温变送器与主采之间连线，笔记本电脑直连地温变送器(HY1306)可以正常读取地温数据，排除此故障点。

②主采程序为 6 要素，若要接入 7 要素的地温数据必须刷成可以解析 7 要素数据的主采程序。主采读取数据命令为“GETMINDATA！↙”，而获取地温的命令为“GETDEBUG10！↙”，因此要统一命令必须重刷主采程序。调试数据过程中发现地温信号接入主采 RS232 口位置错误，错误接入 RS232－2 口，正确应接入 RS232－3 口。刷机完成后将地温数据接入到主采 RS232－3 口，地温数据正常输出，故障排除。另一种处理方法：更换地温变送器型号：HY1306 换成 HY1310，无须重刷主采程序。

7.2.10 华云称重式雨量传感器数据缺测

故障现象：称重式雨量传感器接入主采后雨量数据缺测。

故障点：信号线线序接反、称重单元损坏。

处理方法：

称重数据线为五芯线，两根是电源线(红正、黑负)提供 12 V 直流电，三根是 RS232 信号线(R 接收、T 发送、G 接地)。称重雨量数据异常可能是收、发线接反。称重的两根电源线容易辨识，主要是确定信号线的顺序(注意：称重的信号线接入主采是交叉连接)。称重雨量的接地线与电源负极连接，称重雨量数据接入主采要选择正确的工作模式，在“维护终端”输入命令“RAWMODE 1↙”。信号线顺序调整后，称重雨量数据正常传输，故障排除。称重雨量数据传输通常有 3～5 min 滞后，数据无法立即显示。

7.2.11 主站和备份站蒸发数据异常，数值忽高忽低

故障现象：主站和备份站蒸发数据异常，数值忽高忽低。

故障点：蒸发传感器故障、数据线屏蔽受损、主采集器蒸发接入口故障。

处理方法:

①拧紧蒸发接线端子(防雷板20、21、22口)重新连接蒸发屏蔽线(蒸发传感器端和接入主采端)。蒸发输出的是4～20 mA电流信号与之对应的是0～100 mm的蒸发水位,蒸发信号接入防雷板20口再由20口接入号主采CH4口,主采内有一个200 Ω的标准电阻将电流信号转换为0.8～4.0 V的直流电压信号,测量电压显示正常,排除此故障点。

②对比主站和备份站发现两站数据相近,经排查发现主站ISOS软件蒸发数据为融合软件切换的备份站蒸发数据源,将融合软件中接口参数重新设置:将两个站的数据各归其位,主站蒸发数据异常,备份站蒸发数据正常。台站人员反馈:主站的蒸发传感器是无锡厂生产,2023年就有问题,2023年蒸发数据是用备份站数据代替,值班员认为蒸发桶内进水管中有杂物导致数据异常,2024年新做了蒸发桶管路以期能恢复正常,备份站的数据误接成主站的数据导致值班员误以为两个站的蒸发传感器均出现了故障。故主站蒸发传感器故障需要更换,更换前用备份站的蒸发数据替换,故障排除。

7.2.12 蒸发分钟数据缺测、蒸发分钟数据长时间为“0”

故障现象:蒸发分钟数据缺测、蒸发分钟数据长时间为“0”。

故障点:蒸发传感器故障、主采集器蒸发接入口故障。

处理方法:

①测量百叶箱中蒸发传感器与数据线接线盒中工作电压,正常情况下传感器工作电压≥12 V,实测电压值:0 V,测量对应主采机箱防雷板供电20、21口,电压值:0 V,检查电路发现供电箱中保险丝熔断,电路内某处可能有短路或正、负极接反情况,询问当时值班员反馈:启用蒸发传感器后查看蒸发数据发现蒸发数据异常,检查接线盒连线情况发现供电正、负极接反,导致保险丝熔断。更换保险丝,蒸发数据仍然缺测。

②故障原因很有可能是电源反接将采集器中蒸发数据接口损坏。更换采集器,蒸发数据正常。华云公司不同批次的设备所使用线缆颜色有所不同,导致在线路连接时接错,接线前首先要确定电源线的正、负极,此项工作要确保准确无误,否则容易烧毁设备或者保险丝。

7.2.13 华云雪深数据输出值为“0”

故障现象:雪深自动观测仪器安装调试过程中无雪深数据输出;人工目测有雪深但自动观测数据输出值为“0”。

故障点:雪深传感器故障、雪深传感器与雪深分采连接线损坏、雪深分采故障、业务软件设置错误。

处理方法:

①笔记本电脑直连雪深分采,通过“RS232调试软件”输入命令“SETSDBASE! ↙”(此命令是设置雪深传感器探头到探测面地垂直高度,此初始值只能在雪深分采上设置)返回值正常,传感器和雪深分采正常。

②在ISOS软件选择“维护终端”输入命令“SNOWMODE 0 ↙”,此命令适用于雪深信号接入主采RS232－3口模式,若信号接入主采RS232－2口此时命令应为“SNOWMODE 1 ↙”,返回值:T,说明设置成功。重启雪深分采和主采集器,业务软件雪深数据正常输出。在安装雪深时,务必要清晰地识别雪深数据对应的主采集器RS－232接口,不同的接口使用不同的操

作命令。

7.2.14 人工目测有雪深，但雪深自动观测仪显示值为“0”

故障现象：人工目测有雪深，但雪深自动观测仪显示值为“0”。

故障点：雪深自动观测仪故障、软件设置错误、雪深仪接地故障、信号传输故障。

处理方法：

①检查ISOS业务软件有关雪深参数设置，雪深挂接正常为“SENST SD 1 ↙”，雪深工作模式正常为“SNOWMODE 0 ↙”，软件设置无误。

②将万用表拨至蜂鸣档，测量雪深数据线接入主采RS232－3口接线端子的R、T端与防雷板对应的39、40孔，测得：R与39孔相通与40孔不通，T与39、40孔相通，故障点为防雷板39、40口故障。重新连接39、40口的接线，再用万用表测量T与39相通与40不通，R与40相通与39不通。查看ISOS业务软件，雪深观测数据恢复为正常值，故障排除。

7.2.15 华云主站气压数据缺测

故障现象：主站气压数据缺测。

故障点：气压传感器故障、参数设置有误。

处理方法：

①更换气压传感器数据仍然缺测，排除此故障点。

②在ISOS软件中选择“维护终端”输入气压传感器工作参数命令：AIRPTYPE后返回值为0，返回值不正确。不同的气压传感器接入HY3000型采集器须对应不同的工作参数，PTB210型气压传感器对应的工作模式是“AIRPTYPE 4 ↙”。重新设置气压工作参数，输入命令“AIRPTYPE 4 ↙”，返回值：T，重启主采集器，气压数据恢复正常，故障排除。

7.2.16 华云检定合格气压传感器接入主采，气压数据显示缺测

故障现象：检定合格气压传感器接入主采，气压数据显示缺测。

故障点：气压传感器故障、参数设置有误。

处理方法：

①更换气压传感器后数据正常，但此气压传感器近期检定为“合格”，需要进一步检查传感器参数。

②气压传感器的波特率在检定时可能被修改。需要直连气压传感器检查。气压传感器接入采集器的232-5口，此接口接入一个4孔接线端子，气压传感器“粉、绿、灰、蓝”4根线分别对应“12V、R、T、G”，调试线一端的三芯线一般情况下接入主采232-1口，线序为“蓝、黄、黑”分别对应“R、T、G”。将调试线与气压传感器连接线对应相连。具体方法：将蓝、黄、黑3根线从端子中取出再与气压传感器的粉、绿、灰、蓝4根线组合相连，将绿、灰线从气压端子取下，绿线和黄线相连、灰线和蓝线相连（即笔记本电脑与气压传感器交叉相连），把黑线接到气压端子的蓝线孔中，再将气压端子插入232-5口。此接法作用：直连气压传感器与笔记本电脑，通过发送命令更改气压传感器的波特率（注：不能将绿线和黄线、灰线和蓝线接入气压端子，否则稍后与笔记本电脑相连，显示窗口会不停输出数据，原因是采集器会持续给气压传感器发送读取数据命令，气压传感器得到命令后持续输出气压数据）。

③将调试线另一端与笔记本电脑相连，打开串口调试软件，选择正确的COM口，将波特率选择为“9600\N\8\1”发送命令“. P ↙”返回值为乱码，再将波特率选择为“9600\E\7\1”发送命令“. P ↙”，返回值是三位数带小数点的气压值但不带气压单位(即:hpa)。此时气压值输出格式不正确，正确的气压值应带有气压单位。发送命令“. FORM . 1 ↙”发送完后重新拔插气压端子(注:如不重新拔插参数可能无法完全修改参数)，再次发送命令“. P ↙”即可得到带单位的气压值。修改气压传感器的波特率，发送命令“. N81 ↙”再次拔插气压端子，气压传感器波特率成功修改为“9600\N\8\1”了，发送命令“. P ↙”，返回值即为正常的带气压单位的数值。改完后气压传感器的波特率由故障时的“9600\E\7\1”修改为正常的“9600\N\8\1”。将此气压传感器接入采集器，ISOS软件中的气压值恢复正常。

7.2.17 华云能见度数据缺测(一)

故障现象:加挂能见度分采，使得能见度接入方式由新型站挂接方式变为独立挂接。加挂分采后能见度数据无法在采集软件中显示(注:信号接入串口服务器);重新变为新型站挂接方式(注:信号接入主采集器)，采集软件仍无法显示能见度数据。

故障点:能见度分采故障;软件参数设置错误、通信参数设置有误。

处理方法:

笔记本电脑直连接能见度分采集器，发送命令“READDATA ↙”，返回值:SD卡未连接。打开能见度分采集器确认SD卡是否连接牢固(注:维修手册明确禁止私拆采集器以避免可能造成的损坏，并规定私拆后造成的损坏厂家不负责维修)，但出于对数据恢复的紧急需求，打开采集器主板后确认SD卡没有插紧，重新插紧卡片，能见度数据恢复。

7.2.18 华云能见度数据缺测(二)

故障现象:能见度数据接入方式由以前的独立挂接改为新型站挂接后，在ISOS业务软件中能见度数据异常，表现为:ISOS软件“分钟数据查询”能见度数据缺测时次很多并且“天气现象综判”中相对湿度和气压数据大面积缺测从而导致天气现象无法识别。

故障点:能见度挂接方式更改后能见度数据线连接顺序有误;某处连接线虚接;操作过程中误碰某处线路，导致能见度传感器损坏;数据线的接线位置有误。

处理方法:

①重新检查连接线路。用一根三芯数据线(颜色分别是:黄、绿、红)连接能见度机箱和主采机箱，接入能见度机箱的三芯线连接能见度传感器的绿、黄、灰三根信号线(即:黄线和绿线、绿线和黄线、红线和灰线，两两为一组接入接线排的插孔)，分别对应:R、T、G接线排上方的蓝绿线、黄线、蓝线为接入到能见度分采信号线。

三芯数据线接入主采机箱内的HY3000采集器的RS232-4接口，线序为:黄、绿、红，分别对应采集器的R、T、G。

此种连接方式为直连(R对应R、T对应T、G对应G)，线路连接完毕后需更改ISOS软件中能见度挂接方式，即从独立挂接改为新型站挂接，同时设置能见度接口传感器类型，在ISOS软件中打开“维护终端”选择“新型自动站”端口，发送命令“VISITYPE 0 ↙”，返回值:T，设置成功。重启主采，查看能见度数据仍有缺测，可能是数据线连接方式错误，改用交叉连接(R对应T、T对应R、G对应G)故障仍未排除，排除此故障点。

②检查能见度传感器是否正常，笔记本电脑直连能见度传感器，将调试软件波特率改为“9600\E\7\1”，发送命令“OPEN ↙”后有正常的返回值：能见度传感器正常，排除此故障点。

③将能见度机箱内的三芯数据线连接点改为能见度分采 232-1 口的接线端子处（即：蓝绿线和黄线、黄线和绿线、红线和蓝线，两两为一组接入接线端子的插孔），分别对应的是：R、T、G，并将接线端子从能见度分采中拔出同时将能见度分采断电。

将连接点更改后，能见度数据恢复，故障排除。

④能见度数据正常后，重启 ISOS 软件或重启电脑后能见度数据、天气现象综判数据表中湿度和气压数据会存在对应时段的数据缺测情况发生，可以利用 ISOS 软件中“数据补调”功能将其补调，但在故障解决前数据无法补调。

7.2.19 DSG5 型降水现象仪数据异常

故障现象：降水类天气现象仪安装完毕后，ISOS 软件中数据无法显示。

故障点：降水类天气现象仪信号线连接错误、业务软件设置错误。

处理方法：

①检查降水现象仪机箱与综合硬件控制器信号线连接线序是否有误，尝试直连和交叉两种连接方式数据均未恢复，排除此故障点。

②检查业务软件中仪器挂接选项（已挂接）和 SMOPORT 软件数据传输方式（RS232 方式）均无问题，排除此故障点。

③查阅《DSG5 型降水现象仪用户手册》，手册表述降水现象仪数据传输方式有两种，即：RS232 和 RS485，两种方式切换由拨码开关所控制，打开传感器接收端底盖（南端），如下图，将通信拨码开关改为 RS232 模式，故障排除。注：DSG5 型降水现象仪出厂默认拨码开关为“RS485”模式，见图 7.2。

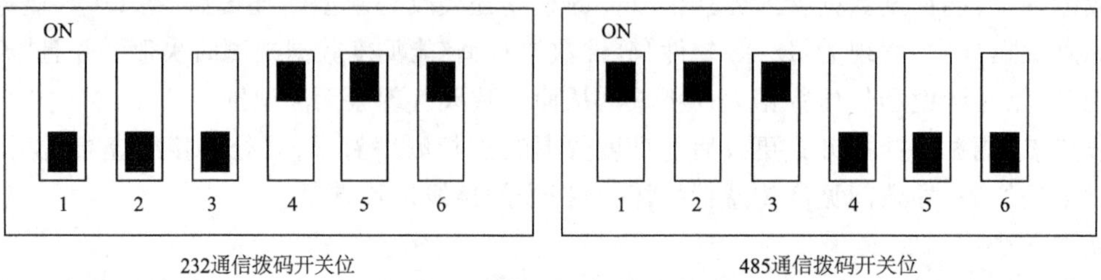

图 7.2 DSG5 型降水现象仪通信拨码开关

7.2.20 华云串口服务器无法启动

故障现象：串口服务器无法启动，串口服务器的朝阳电源负载为直流 5 V，交流电输入正常（220 V 左右），蓄电池电压为直流 5 V。

故障点：朝阳电源故障，无法将交流电转为直流电。

处理方法：

①更换朝阳电源及蓄电池后串口服务器正常启动，指示灯恢复正常。此时出现故障，可以 PING 通串口服务器 IP，但数据传输中断，在“维护终端”中输入命令测试，返回值：串口服务器打开失败，尝试将串口服务器复位至其出厂设置后，故障现象依旧存在。

②检测串口服务器输入接口，短接接线端子的3孔、5孔(收发短接后，设备正常状态下收发返回数据应一致)，但返回值仍为：串口服务器打开失败，排除此故障点。

③重新安装SMOPORT软件的PC端和串口服务器的内核程序，故障排除。

7.2.21 华云串口服务器无法连接

故障现象：升级串口服务器过程中，PC端升级正常，升级完内核版本后用SMOPORT软件连接串口服务器时提示：设备连接失败；由于串口服务器无法连接导致自动站数据及辐射数据无法正常传输。

故障点：升级过程中软件出现未知错误、串口服务器硬件出现故障。

处理方法：

①升级过程中未关闭防火墙和杀毒软件，程序进程可能被杀毒软件误杀。关闭防火墙和杀毒软件后重新升级，新型站数据恢复，辐射数据仍然无法传输。

②检查SMOPORT软件端口配置参数，升级完后所有参数均被重置，辐射数据传输方式RS485重置为RS232，因此辐射数据无法正常传输。将串口服务器中辐射传输方式改为RS485后数据恢复传输。

7.2.22 华云串口服务器所有挂接设备缺测

故障现象：备份站所有气象观测要素缺测。

故障点：串口服务器故障、串口服务器与室内光纤盒连接光纤损坏、主机网卡模块故障。

处理方法：

①检查综合硬件控制器，观察串口服务器工作情况："R""T"灯常亮表明数据无法正常收发，重启、复位串口服务器故障现象依旧存在。

②检查室内光电转换模块："T""R"灯常亮，重新交叉接入光纤、更换光电转换模块，故障仍持续。

③检查业务主机RJ45转USB外接网卡：指示灯不亮，更换新外接网卡后故障排除。

7.2.23 新型辐射观测系统异常及处理方法

故障现象：辐射分采及ISOS软件升级后，新型辐射设备挂接后无法获取数据。

故障点：ISOS升级过程中设置错误、辐射分采升级过程中有误、线路连接有误。

处理方法：

①辐射分采升级版本为测试版，需重新下载正式版。重新升级辐射分采后，ISOS软件辐射数据恢复，但经纬度、时差仍无法修改，咨询华云客服，反馈：辐射命令和其他设备命令有所不同，命令与参数之间应使用逗号隔开，例如修改经度：LONG，116.34.18↙。

②升级主站ISOS软件挂接辐射，流程与备份站一致，但数据无法接入，发送命令"READDATA↙"，返回值不完整，导致辐射数据缺失，其他独立挂接设备如：能见度、天气现象仪等均能正常接收到数据。将主站辐射接入备份站主机，数据恢复。后期查明：主站主机系统缺少底层控件，重装系统后恢复。

7.2.24 新型站升级三温三雨后温湿和雨量数据缺测

故障现象：除温湿和雨量数据其他要素均都能在 ISOS 软件中正常显示，即查看分钟数据，温度、湿度、雨量三种数据缺测。

故障点：采集器配置参数。

处理方法：

在 ISOS 软件"维护终端"中发送命令"CHGVER 1 ↙"(1 代表温雨融合框架，0 代表单温单雨框架)，返回值：T，代表设置成功，随后采集器重启，稍等 2～3 min，再输入命令"STLX M ↙"(此命令在温雨融合框架下使用，M 为温度降水多传感器站，S 为温度降水单传感器站)，返回值：T，代表设置成功，温湿度、雨量数据恢复。

7.3 无锡设备故障分析

7.3.1 无锡湿度传感器数据为 0(缺测)

故障现象：ISOS 软件相对湿度输出为 0。

故障点：参数配置、供电故障、传感器、线缆故障。

处理方法：

①检查 ISOS 软件传感器是否处于维护、停用、标定等状态。发送"SENST U ↙"，查看传感器是否为 1(开启状态)。

②打开温湿分采/多温控制器盖板，找到湿度传感器的端子，测量湿度传感器供电电压是否在 11.6～13.8 V，如超出此范围则说明湿度传感器供电不正常，温湿分采/多温控制器故障。

③如果供电正常，测量湿度传感器输出的湿度信号电压，"信号＋"与"信号－"之间的电压值，正常时应在 0～1 V 对应空气湿度 0%～100%。如果相符合，说明湿度传感器正常，温湿分采/多温控制器故障。如果测量的湿度信号电压值不在 0～1 V，则说明故障在湿度传感器或湿度线缆连接，依次检查湿度航空插头及温湿度分采集/多温控制器内的接线和湿敏电容，如果连接都正常，则说明湿度传感器故障。

7.3.2 无锡风向传感器一直为 0°或 270°左右不变(缺测)

故障现象：无锡风向传感器一直为 0°或 270°左右不变(缺测)。

故障点：参数配置、供电、通信线缆、传感器故障。

处理方法：

①发送"SENST WD ↙"，查看传感器风向通道是否为 1(开启状态)。

②分别测量主采端子、防雷板、风横臂风向航空头供电口(11、12)供电电压是否为间歇 5 V(万用表显示不稳定的 1 V 左右的电压)，如果万用表始终显示 0 V，则风向电源输出故障。若拔掉主采风向端子，主采风向供电口仍是 0 V，则主采集器故障需更换。若主采风向供电正常，采用分段法排查主采至传感器供电线路。

③如果供电正常，将风向"供电＋"并入风速"电源＋"，将风向固定至239°左右，分别测量主采端子、防雷板上D6～D0的信号电压，是否均接近5 V，若不是说明对应线路可能故障，拔掉风向端子，分段测量通信对应线路是否断路、短路。

④若主采至风向传感器航空头电源线、D6～D0信号线均正常，则传感器故障需更换。

7.3.3　无锡风速传感器数据缺测

故障现象：风速一直为0(缺测)。

故障点：参数配置、供电、通信线缆、传感器故障。

处理方法：

①发送"SENST WS↙"，查看传感器是否为1(开启状态)，发送"SENCO WS↙"，查看风速系数是否为"0 0.1 0 0"。

②测量主采端子风速端子供电是否≥5 V，风速转动下信号电压是否在2.3 V左右，若电压<5 V或信号电压正常(也可通过测量风速输出信号的频率值判断)，则主采集器故障需更换。测量风横臂风速航空头供电口(2、5)供电电压是否≥5 V，若不是说明风速供电故障，分段测量主采端子、防雷板、航空头供电，找到故障点修复或更换。

③如果供电正常，风速转动下信号电压为0 V左右，拔掉端子，分段测量主采端子一防雷板一传感器航空头信号线通断，找到故障点修复或更换。

④若主采至风速传感器航空头信号线均正常，则传感器故障需更换。

7.3.4　无锡气压数据缺测

故障现象：气压一直为////(缺测)。

故障点：参数配置、供电、通信线缆、传感器故障。

处理方法：

①发送"SENST P↙"，查看传感器是否为1(开启状态)，发送"SETCOMEX 2↙"，查看气压通道参数是否为"2400\8\N\1"，发送"COMDEV 2↙"，查看气压标识符是否为PTB220。

②观察气压传感器指示灯是否常亮，若为熄灭则为供电故障，检查主采气压接线、VGA接口是否松动，拔掉端子测量主采气压供电口电压是否≥12 V，若不是说明主采故障需更换。

③如果供电正常，检查气压传感器端9针插头、主采集器端接线端子连接是否良好。测量气压传感器电缆是否正常，若存在短路、断路现象，说明电缆损坏需更换电缆。

④若以上均正常，气压传感器指示灯闪烁，更换传感器或笔记本直连查看传感器是否内部参数报错或故障。

7.3.5　翻斗雨量降雨过程无输出值

故障现象：翻斗雨量降雨过程输出值一直为0。

故障点：参数配置、通信线缆、传感器故障。

处理方法：

①发送"SENST RAT↙"，查看传感器是否为1(开启状态)，发送"SENCO RAT↙"，查看雨量系数是否为"0 0.1 0 0"。

②拔掉雨量端子，取掉雨量外筒，查看雨量外筒、汇集漏斗是否堵塞，翻斗是否翻转灵活。

③翻动雨量计数翻斗，同时用万用表通断档分别在采集器端子和红黑接线柱测量是否有脉冲输出(即翻动时有滴滴声)。若均有，说明采集器故障需更换；若红黑接线柱有、端子没有，说明通信线缆故障，需要修复或更换雨量电缆；若红黑接线柱、端子都没有，检查更换雨量干簧管。

④一般无锡采集器雨量接口有3.2 V左右电压，将采集器雨量接线端子取下，万用表调至直流电压挡，测量采集器雨量口针脚电压，如果电压异常采集器雨量口硬件故障需要更换主采，如果雨量接线端子连接采集器后电压异常，需要检查雨量线，干簧管。

7.3.6 无锡称重降雨过程无输出值

故障现象：称重在降水过程输出值一直为0(缺测)。

故障点：参数配置、供电、通信线缆、传感器故障。

处理方法：

①发送“SENST RAW ↙”，查看传感器是否为1(开启状态)，发送“SETCOMEX 5 ↙”，查看称重通道参数是否为“9600 8 N 1”，发送“COMDEV 5 ↙”，查看称重标识符是否为WUSH_WP。

②打开称重外筒和称重处理单元外壳，检查运行指示灯是否正常，在正常工作时，应当为1 s亮，1 s暗；如果运行指示灯不正常，应检查信号处理单元上的电源电压，应当为DC12 V±20%。若不正常，检查主采集箱防雷板称重供电，若正常，继续测量主采称重航空头至称重供电端子、485通信端子是否断路或短路。

③若供电、分采至主采通信正常，断开与主采通信连接，笔记本连接称重处理单元。模拟降水过程中需要匀速缓慢倒水，倒水速度太快会导致数据质控，无雨量数据输出。由于称重降水数据有延时，等待期间不间断(每分钟)发送一次测试命令SAMPLES、DMES、DMPR读取数据，观察称重原始质量是否发生变化。若有数值，则说明主采称重通道故障需要更换，若称重处理单元持续读不到数值或状态异常，依次更换称重单元和信号处理单元测试。

7.3.7 无锡雪深数据缺测

故障现象：雪深输出值为////(缺测)。

故障点：参数配置、供电、通信线缆、传感器故障。

处理方法：

①发送“SENST SD ↙”，查看传感器是否为1(开启状态)，发送“SETCOMEX 4 ↙”，查看雪深通道参数是否为“9600\8\N\1”，发送“COMDEV 4 ↙”，查看雪深标识符是否为WUSH_SD。

②测量雪深采集器箱内雪深采集器和传感器供电(12 V)是否正常，测雪板是否有红点(判断传感器供电)，若不正常继续测量蓄电池、开关电源和交流输入电压。

③若供电正常，断开与主采通信连接，用万用表通断档测量分采与主采232通信线缆是否断路或短路，若通信线缆故障，需要修复或更换电缆。

④笔记本连接雪深分采，查询输出数据、通道配置(COMDEV 3为LDM41、SETCOMEX 3为9600\8\N\1)是否正常，若正常则说明主采称重通道故障需要、重启或更换。若数据仍缺测，笔记本直连雪深传感器读取数据，若正常更换雪深分采继续测试，若不正常，检查传感器接头是否松动或更换传感器。

7.3.8 无锡站能见度数据缺测

故障现象：能见度输出值为/////(缺测)。

故障点：参数配置、供电、通信线缆、传感器故障。

处理方法：

①发送“SENST VI↙”，查看传感器是否为1(开启状态)，发送“SETCOMEX 1 ↙”，查看能见度通道参数是否为4800\8\N\1；发送“COMDEV 1 ↙”，查看能见度标识符是否为FD12P；发送“QCPS VI↙”和“QCPM VI↙”，查看能见度质控参数配置是否正确。

②测量能见度供电箱内传感器供电(12 V)、加热供电(24 V)是否正常，若不正常继续测量蓄电池、开关电源和交流输入电压。

③若供电正常，拔掉主采能见度端子、取掉能见度供电箱接线排通信线(白－棕－黑)，用万用表通断档测量通信线缆是否断路或短路，若通信线缆故障，需要修复或更换电缆。

④笔记本直连能见度传感器，查询传感器参数，若无法读取，检查传感器接头是否松动。读取PAR、STA、MES等状态参数，查看是否有状态、硬件故障报警，若有状态报警，维护传感器后重新读取，若有硬件故障报警，更换传感器后测试。若直连的状态、采样数据都正常，主采能见度通道故障更换主采。若能见度数据是间歇性缺测，去掉传感器加热电源(双色线)后观察数据是否正常(部分加热电源会影响数据采集)。

7.3.9 无锡站蒸发数据缺测

故障现象：蒸发输出值为///(缺测)。

故障点：参数配置、供电、通信线缆、传感器故障。

处理方法：

①发送“SENST LE↙”，查看传感器是否为1(开启状态)。

②在蒸发百叶箱内，打开接线盒，测量蒸发传感器供电线“红、黑”两端的电压，正常情况下应在10.0～14.5 V，否则说明供电存在问题。依次检查蒸发电缆“黄、蓝”线是否正常、连接是否良好；主采机箱内直流电源接线排处蒸发电源线连接是否良好，排除电源故障。测量接线盒至主采通信线是否存在断路、短路，若有需要修复或更换电缆。

③采集器上的蒸发通道有125 Ω电阻，使用万用表测量蒸发电阻是否为125 Ω，如果电阻值异常需要更换新电阻。

④在蒸发传感器供电、通信线、电阻正常的情况下，检查蒸发传感器的输出电压信号。将万用表调至电压档，使用红、黑表笔测量采集端蒸发信号线电压，正常传感器输出信号经过电阻转换为0.5～2.5 V，电压且与实际水位对应，否则说明蒸发传感器故障，更换蒸发传感器。若以上都正常，主采蒸发通道故障更换主采。

7.3.10 无锡雪深白天持续输出为0

故障现象：雪深分钟数据白天固定时段输出为0。

故障点：雪深分采阈值参数。

处理方法：

①检查异常时段环境气温是否持续大于8 ℃，连接雪深分采，发送“TEPEN 0 8 3 ↙”(关

闭雪深分采温度阈值质控)、“PROEN 0 05－01 08－31 10 ↙”(关闭夏季休眠质控)。观察 1 min 后雪深是否正常采集。

②若关闭以上阈值质控后数据仍未正常,断开主采 RS232 通信线,使用雪深标校模块重新进行现场标定。

7.3.11 无锡称重式降水传感器出现无规则野值

故障现象:ISOS 软件或中心站称重数据出现无规则野值。

故障点:环境、传感器水平、防雷接地、称重单元。

处理方法:

①现场检查盛水筒内是否有杂物掉入,筒内降水是否冻结溢出,筒内沿是否有挂壁积雪、结冰或露水,补充防冻液和防蒸发油,确保防冻液满足当地最低环境下正常使用。

②传感器托盘是否水平且仅与称重单元的载荷元件接触,设备螺丝是否紧固,传感器支撑杆是否取下,防风圈顶端是否高于传感器承水口,防雷接地是否有效。

③使用脉冲口信号传输的站点,需要进一步检查称重分采至主采通信线缆(屏蔽线)是否破损短路。

④更换备用称重单元测试(注意传感器安装后的上下方向),判断原称重单元是否故障。

7.3.12 无锡某层地温(或草温)输出值为－241 ℃(缺测)

故障现象:某层地温(或草温)输出值为－241 ℃(缺测)。

故障点:参数配置、线缆、传感器故障。

处理方法:

①发送“SENST TG/ST * ↙”(* 为 0～8),查看传感器是否为 1(开启状态)。

②拔掉该层分采接线端子(根据测量原理,温度传感器不需要供电,但需要断电测量),用万用表 Ω 档测量 12、34 同端电阻是否在个位数,电阻很小,一般不大于 10 Ω,若为无穷大∞,则表示其中一根线断路;继续测量 13、14、23、24 异端电阻,是否在 80～140 Ω,若为无穷大∞,则表示其中一根线断路。

③根据 $T=\frac{R_1(\text{异端阻值})-R_2(\text{同端阻值})-100\ \Omega}{0.385\ \Omega/℃}$计算当前温度值,若偏差较大,更换传感器。

④若以上均正常,在地温分采上将该层地温端子与另一层端子交换。读取数据,若显示该层地温数据仍然缺测或异常,则为地温分采故障,更换地温分采。

7.3.13 无锡中心站收不到数据,现场通信模块指示灯状态不正常

故障现象:无锡区域站数据采集正常,中心站无数据。

故障点:通信模块、天线、SIM 卡、基站信号。

处理方法:

①检查 SIM 卡是否欠费;通过手机上网方式检查 SIM 卡是否可以上网,确定 SIM 卡是否欠费。

②对于物联卡可登录平台查看物联卡是否在线,有无超流量锁卡。

③使用串口线连接9118通信模块，读取身份识别码、IP地址和端口号参数配置是否正确。若持续无法连接，通信模块故障，需要设置新的模块更换，使用物联卡的站点在更换模块后需要联系运营商解卡。

④使用其他运营商卡替换，判断是否为基站信号问题，更换天线或加装信号放大器测试。

7.3.14 无锡区域站小时数据间歇性缺测

故障现象：某站小时数据间歇性缺测。

故障点：区局、地(州)中心站重复对时。

处理方法：

由于站点设置了三通道传输，即通道1为区局主通道，通道2为区局副通道，通道3为地(州)中心站通道。当区局服务器与地州服务器时间不一致时，地(州)中心站对时，会造成采集器与区局中心站时间相差较大错过主通道采集。需要将地(州)中心站同步对时关闭，只保留区局主通道对时，问题即可解决。

7.3.15 无锡区域站采集器修改气压高度等参数后恢复原值

故障现象：修改采集器气压高度等参数后第二天恢复原始值。

故障点：地(州)专业版中心站参数。

处理方法：

若采集器设置了多通道数据传输，其中包括地(州)专业版中心站通道。当通过现场直连或区局网页版SMOS中心站远程修改采集器气压高度等参数后，必须同步修改SMOS中心站和地州专业版中心站对应参数，否则地(州)专业版中心站会将参数同步至采集器，造成参数修改失败。

7.4 智能气象观测站故障分析

7.4.1 无锡智能站图像缺测

故障现象：无锡智能站图像缺测。

故障点：SIM卡、摄像头时间跳变、FTP参数。

处理方法：

①查询图像传输SIM卡是否欠费。

②现场重启集成式太阳能板，检查供电指示灯是否正常。

③笔记本电脑连接摄像头网口调试线，电脑IP设为192.168.10.X，浏览器访问192.168.10.16，账号admin访问摄像头，“预览”查看摄像头图像是否正常。

④打开“配置”—“系统”—“系统设置”—“时间配置”界面，检查时间是否跳变，启用“与计算机时间同步”。

⑤打开“配置”—“网络”—“基本配置”—“无线拨号”界面，检查SIM卡4G信号是否稳定。

⑥打开“站点参数”界面，检查台站号和FTP传输地址参数(IP、端口、用户名和密码)是否正确。

7.4.2 无锡智能站风数据缺测

故障现象：无锡智能站风向、风速缺测。

故障点：信号电缆、供电、传感器、通信组件。

处理方法：

①现场笔记本电脑连接 DPZ3 智能集成处理器调试口，使用串口软件发送 SAMPLES 指令，检查风传感器数据及智能电源通信控制器状态信息，详见图 7.3。

气压	02-22 08:45	分钟 10128(00) 分钟标准差 0(00)
气温1	02-22 08:45	分钟 -117(00) 分钟标准差 0(00) 5分钟 -118(00) 5分钟标准差 1000(00)
湿度	02-22 08:45	分钟 45(00) 分钟标准差 0(00) 露点温度 -216(00)
翻斗雨量	02-22 08:45	分钟 0(00) 5分钟 0(00) 简口堵塞状态 0 上翻斗状态 0 计数翻斗状态 0
风速1 风向1	02-22 08:45 02-22 08:45	瞬时 13(00) 分钟极值 18(00) 分钟 14(00) 分钟标准差 30(00) 2分钟 15(00) 10分钟 14(00) 瞬时 295(00) 分钟极值 295(00) 分钟 295(00) 分钟标准差 1000(00) 2分钟 285(00) 10分钟 263(00) 风数据
		状态
控制器	02-22 08:45	供电(12V/5V/3.3V/1.2V) 14.0/5.18/3.30/1.20 工作电流 81.25mA 机箱温度 -12.8 机箱门 关闭 SD卡状态 已插入:已挂载
		ZIGBEE状态 正常 RS485状态 正常(2024-02-22 08:45:04) 经度 129.40.4 纬度 42.52.41 拔海高度 20.71
ZIGBEE	02-22 08:45	气温1:正常 湿度:正常 翻斗雨量:正常 风1:正常 风无线通信状态
RS485	02-22 08:45	气温1:正常 湿度:正常 翻斗雨量:正常 风1:正常 风有线通信状态
4G模块	02-22 08:45 02-22 08:45	状态 OK SIM OK 拨号 OK 信号 31 通道状态(1-5) OK OK ER ER ER 在线时间 33100 在线时间(1-5) 452726 738645 0 0 0
气压	02-22 08:45	状态 正常 风智能电源通信控制器状态信息 外电压指主采集箱供电电压 内电压指锂电池工作电压 电流值智能电源通信控制器充电电流
气温1	02-22 08:45	状态 正常 外电压 141 内电压 120 太阳能 224 电量 99% 功耗 1 电流 67 供电 电池 掉线 0 重启 0 0 信号 89
湿度	02-22 08:45	状态 正常 外电压 143 内电压 120 太阳能 228 电量 99% 功耗 14 电流 64 供电 备份 掉线 0 重启 0 0 信号 97
翻斗雨量	02-22 08:45	状态 正常 外电压 142 内电压 121 太阳能 227 电量 99% 功耗 10 电流 65 供电 备份 掉线 0 重启 0 0 信号 91
风1	02-22 08:45	状态 正常 外电压 142 内电压 120 太阳能 218 电量 99% 功耗 15 电流 79 供电 备份 掉线 0 重启 0 0 信号 63
视频	02-22 08:45	状态 正常 外电压 122 内电压 1 太阳能 0 电量 99% 功耗 5 电流 0 供电 备份 掉线 0 重启 0 0 信号 93

图 7.3 风传感器数据及智能电源通信控制器状态信息 1

②如果 SAMPLES 表中风智能电源通信控制器状态信息正常，风数据缺测，需要检查风杆顶部智能风测量仪（排查方法见下④）、风传感器是否故障，风电缆、风测量仪电缆是否破损，如图 7.4。

气压	02-28 08:42	分钟 10059(00) 分钟标准差 0(00)
气温1	02-28 08:42	分钟 -40(00) 分钟标准差 499(00) 5分钟 -39(00) 5分钟标准差 1000(00)
湿度	02-28 08:42	分钟 59(00) 分钟标准差 0(00) 露点温度 -109(00)
翻斗雨量	02-28 08:42	分钟 0(00) 5分钟 0(00) 简口堵塞状态 0 上翻斗状态 0 计数翻斗状态 0
风速1 风向1	02-28 08:42 02-28 08:42	瞬时 /(//) 分钟极值 /(//) 分钟 /(//) 分钟标准差 /(//) 2分钟 /(//) 10分钟 /(//) 瞬时 /(//) 分钟极值 /(//) 分钟 /(//) 分钟标准差 /(//) 2分钟 /(//) 10分钟 /(//) 风数据缺测
		状态
控制器	02-28 08:43	供电(12V/5V/3.3V/1.2V) 14.0/5.18/3.30/1.20 工作电流 107.49mA 机箱温度 -3.8 机箱门 关闭 SD卡状态 已插入:已挂载
		ZIGBEE状态 正常 RS485状态 正常(2024-02-28 08:42:04) 经度 129.40.4 纬度 42.52.41 拔海高度 20.71
ZIGBEE	02-28 08:43	气温1:正常 湿度:正常 翻斗雨量:正常 风1:正常
RS485	02-28 08:43	气温1:正常 湿度:正常 翻斗雨量:正常 风1:正常
4G模块	02-28 08:43 02-28 08:43	状态 OK SIM OK 拨号 OK 信号 31 通道状态(1-5) OK OK ER ER ER 在线时间 28136 在线时间(1-5) 361721 361640 0 0 0 状态信息正常
气压	02-28 08:42	状态 正常
气温1	02-28 08:42	状态 正常 外电压 142 内电压 120 太阳能 219 电量 99% 功耗 41 电流 61 供电 备份 掉线 0 重启 0 0 信号 89
湿度	02-28 08:42	状态 正常 外电压 139 内电压 120 太阳能 221 电量 99% 功耗 13 电流 60 供电 电池 掉线 0 重启 0 0 信号 97
翻斗雨量	02-28 08:42	状态 正常 外电压 142 内电压 121 太阳能 216 电量 99% 功耗 10 电流 68 供电 电池 掉线 0 重启 0 0 信号 91
风1	02-28 08:42	状态 正常 外电压 143 内电压 120 太阳能 204 电量 99% 功耗 14 电流 101 供电 备份 掉线 0 重启 0 0 信号 59
视频	02-28 08:42	状态 正常 外电压 122 内电压 1 太阳能 0 电量 99% 功耗 5 电流 0 供电 备份 掉线 0 重启 0 0 信号 93

图 7.4 风传感器数据及智能电源通信控制器状态信息 2

③如果 SAMPLES 表中风智能电源通信控制器状态信息缺失，风数据缺测，现场检查风智能电源通信控制器状态，工作时红灯秒闪，充满电绿灯常亮，正在充电闪烁状态，检查风总线电缆是否破损，可以临时替换其他要素的智能电源通信控制器，观察风数据是否恢复，如图 7.5。

气压	02-28 08:42	分钟 10059(00)　分钟标准差 0(00)	
气温1	02-28 08:42	分钟 -40(00)　分钟标准差 499(00)　5分钟 -39(00)　5分钟标准差 1000(00)	
湿度	02-28 08:42	分钟 59(00)　分钟标准差 0(00)　露点温度 -109(00)	
翻斗雨量	02-28 08:42	分钟 0(00)　5分钟 0(00)　筒口堵塞状态 0　上翻斗状态 0　计数翻斗状态 0	
风速1 风向1	02-28 08:42 02-28 08:42	瞬时 /(//)　分钟极值 /(//)　分钟 /(//)　分钟标准差 /(//)　2分钟 /(//)　10分钟 /(//) 瞬时 /(//)　分钟极值 /(//)　分钟 /(//)　分钟标准差 /(//)　2分钟 /(//)　10分钟 /(//)	风数据缺测
		状态	
控制器	02-28 08:43	供电(12V/5V/3.3V/1.2V) 14.0/5.18/3.30/1.20　工作电流 107.49mA　机箱温度 -3.8　机箱门 关闭　SD卡状态 已插入:已挂载	
		ZIGBEE状态 正常　RS485状态 正常(2024-02-28 08:42:04)　经度 129.40.4　纬度 42.52.41　拔海高度 20.71	
ZIGBEE	02-28 08:43	气温1:正常　湿度:正常　翻斗雨量:正常　风1:故障	无线通信断开
RS485	02-28 08:43	气温1:正常　湿度:正常　翻斗雨量:正常　风1:未建立连接	有线通信断开
4G模块	02-28 08:43 02-28 08:43	状态 OK　SIM OK　拨号 OK　信号 31　通道状态(1-5)　OK　OK　ER　ER　ER 在线时间 28136　在线时间(1-5)　361721　361640　0　0　0	
气压	02-28 08:42	状态 正常	
气温1	02-28 08:42	状态 正常　外电压 142　内电压 120　太阳能 219　电量 99%　功耗 41　电流 61　供电 备份　掉线 0　重启 0 0　信号 89	
湿度	02-28 08:42	状态 正常　外电压 139　内电压 120　太阳能 221　电量 99%　功耗 13　电流 60　供电 电池　掉线 0　重启 0 0　信号 97	
翻斗雨量	02-28 08:42	状态 正常　外电压 142　内电压 121　太阳能 216　电量 99%　功耗 10　电流 68　供电 电池　掉线 0　重启 0 0　信号 91	
风1	02-28 08:42	状态 正常	状态信息缺失
视频	02-28 08:42	状态 正常　外电压 122　内电压 1　太阳能 0　电量 99%　功耗 5　电流 0　供电 备份　掉线 0　重启 0 0　信号 93	

图 7.5　风传感器数据及智能电源通信控制器状态信息 3

④智能风测量仪故障排查方法：打开智能风测量仪盒子（图 7.6），确认设备运行灯是否秒闪，如果不闪烁，万用表测量“棕”“白”供电电压是否为 12 V，有电压值即智能风测量仪故障，无电压值检查风测量仪电缆是否破损、风智能电源通信控制器工作是否正常。

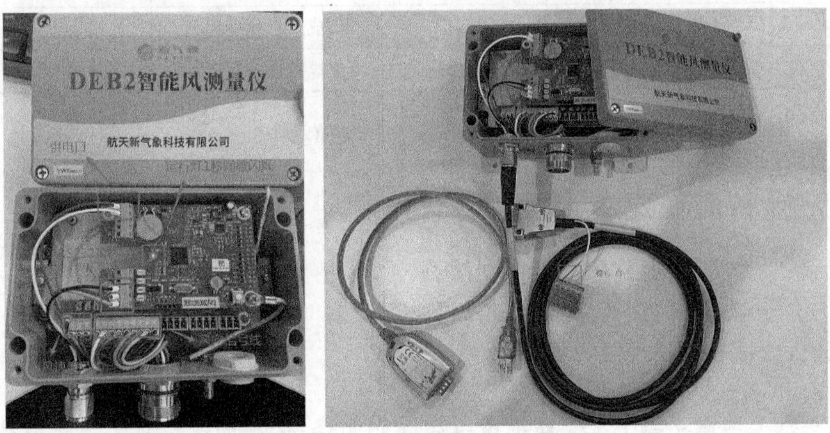

图 7.6　智能风测量仪盒

读取智能风测量仪数据，使用调试线、串口线，串口软件读取数据，确认风数据是否正常，见图 7.7、图 7.8。

图 7.7　智能风测量仪数据

观测要素	含义	数据	观测要素	含义	数据
AAA	分钟空气温度	17.5 ℃	AFC	10 m 高 2 min 平均向速	2.8 m/s
ADA	分钟空气湿度	46%	AFD	10 m 高 10 min 平均向速	2.4 m/s
ADB	分钟露点温度	5.8 ℃	AGA	分钟气压	1020.3 hPa
ADC	分钟水汽压	9.2 hPa	AGB	分钟海平面气压	1022.2 hPa
AEA	10 m 高瞬时风向	175°	AHA	分钟降水	0.0 mm
AEC	10 m 高 2 min 平均风向	169°	AHL	当前小时雨量明细	每分钟 2 字节,共 120 字节
AED	10 m 高 10 min 平均风向	175°	AZT	集成处理器板温	20.3 ℃
AFA	10 m 高瞬时风速	2.8 m/s	AZV	集成处理器板压	13.2 V

图 7.8　READDATA 数据解析

7.4.3　无锡智能站温度、湿度数据缺测

故障现象:无锡智能站温度、湿度数据缺测。

故障点:信号电缆、供电、传感器、通信组件。

故障现象:无锡智能站湿度数据缺测。

处理方法:

①现场笔记本电脑连接 DPZ3 智能集成处理器调试口,使用串口软件发送 SAMPLES 指令,检查湿度数据及智能电源通信控制器状态信息。

②如果 SAMPLES 表中湿度智能电源通信控制器状态信息正常,湿度数据缺测,需要检查湿度传感器是否正常。可以检查湿度测量仪电缆是否破损,临时替换温度测量仪电缆,看看能否恢复。如果不能恢复,需要更换湿度测量仪,见图 7.9。

③如果 SAMPLES 表中湿度智能电源通信控制器状态信息异常,温度电源通信控制器状

态信息正常，说明气温/湿度总线电缆正常，需要检查湿度智能电源通信控制器，现场检查智能电源通信控制器状态，工作时红灯秒闪，充满电绿灯常亮，正在充电闪烁状态。可以临时替换其他温度的智能电源通信控制器，观察湿度数据是否恢复，见图 7.10。

气压	02-26 08:49	分钟 1010(00) 分钟标准差 0(00)	
气温1	02-26 08:49	分钟 40(00) 分钟标准差 0(00) 5分钟 40(00) 5分钟标准差 0(00)	
湿度	02-26 08:49	分钟 /(//) 分钟标准差 /(//) 露点温度 /(//)	湿度数据缺测
翻斗雨量	02-26 08:49	分钟 0(00) 5分钟 0(00) 筒口堵塞状态 0 上翻斗状态 0 计数翻斗状态 0	
风速1 风向1	02-26 08:49 02-26 08:49	瞬时 2(00) 分钟极值 16(00) 分钟 10(00) 分钟标准差 30(00) 2分钟 13(00) 10分钟 22(00) 瞬时 359(00) 分钟极值 359(00) 分钟 359(00) 分钟标准差 13800(00) 2分钟 49(00) 10分钟 76(00)	
		状态	
控制器	02-26 08:49	供电(12V/5V/3.3V/1.2V) 12.1/5.21/3.31/1.21 工作电流 145.31mA 机箱温度 7.0 机箱门 关闭 SD卡状态 已插入:已挂载	
		ZIGBEE状态 正常 RS485状态 正常(2024-02-26 08:49:04) 经度 120.00.00 纬度 30.00.00 拔海高度 15.50	
ZIGBEE	02-26 08:49	气温1:正常 湿度:正常 翻斗雨量:正常 风1:正常	无线通信正常
RS485	02-26 08:49	气温1:正常 湿度:正常 翻斗雨量:正常 风1:正常	有线通信正常
4G模块	02-26 08:49 02-26 08:49	状态 OK SIM OK 拨号 OK 信号 22 通道状态(1-5) OK OK ER ER ER 在线时间 60440 在线时间(1-5) 1508944 1508944 0 0 0	
气压	02-26 08:49	状态 正常	
气温1	02-26 08:49	状态 正常 外电压 122 内电压 115 太阳能 162 电量 82% 功耗 11 电流 5 供电 电池 掉线 0 重启 0 0 信号 90	
湿度	02-26 08:49	状态 正常 外电压 122 内电压 115 太阳能 162 电量 90% 功耗 11 电流 3 供电 电池 掉线 0 重启 0 0 信号 91	状态信息正常
翻斗雨量	02-26 08:49	状态 正常 外电压 122 内电压 115 太阳能 149 电量 77% 功耗 10 电流 4 供电 电池 掉线 0 重启 0 0 信号 73	
风1	02-26 08:49	状态 正常 外电压 123 内电压 117 太阳能 164 电量 86% 功耗 14 电流 8 供电 电池 掉线 0 重启 0 0 信号 97	
视频	02-26 08:48	状态 正常 外电压 120 内电压 1 太阳能 0 电量 99% 功耗 11 电流 83 供电 备份 掉线 0 重启 0 0 信号 102	

图 7.9 湿度智能电源通信控制器状态信息 1

气压	02-26 08:49	分钟 1010(00) 分钟标准差 0(00)	
气温1	02-26 08:49	分钟 40(00) 分钟标准差 0(00) 5分钟 40(00) 5分钟标准差 0(00)	
湿度	02-26 08:49	分钟 /(//) 分钟标准差 /(//) 露点温度 /(//)	湿度数据缺测
翻斗雨量	02-26 08:49	分钟 0(00) 5分钟 0(00) 筒口堵塞状态 0 上翻斗状态 0 计数翻斗状态 0	
风速1 风向1	02-26 08:49 02-26 08:49	瞬时 2(00) 分钟极值 16(00) 分钟 10(00) 分钟标准差 30(00) 2分钟 13(00) 10分钟 22(00) 瞬时 359(00) 分钟极值 359(00) 分钟 359(00) 分钟标准差 13800(00) 2分钟 49(00) 10分钟 76(00)	
		状态	
控制器	02-26 08:49	供电(12V/5V/3.3V/1.2V) 12.1/5.21/3.31/1.21 工作电流 145.31mA 机箱温度 7.0 机箱门 关闭 SD卡状态 已插入:已挂载	
		ZIGBEE状态 正常 RS485状态 正常(2024-02-26 08:49:04) 经度 120.00.00 纬度 30.00.00 拔海高度 15.50	
ZIGBEE	02-26 08:49	气温1:正常 湿度:故障 翻斗雨量:正常 风1:正常	无线通信异常
RS485	02-26 08:49	气温1:正常 湿度:未建立连接 翻斗雨量:正常 风1:正常	有线通信异常
4G模块	02-26 08:49 02-26 08:49	状态 OK SIM OK 拨号 OK 信号 22 通道状态(1-5) OK OK ER ER ER 在线时间 60440 在线时间(1-5) 1508944 1508944 0 0 0	
气压	02-26 08:49	状态 正常	
气温1	02-26 08:49	状态 正常 外电压 122 内电压 115 太阳能 162 电量 82% 功耗 11 电流 5 供电 电池 掉线 0 重启 0 0 信号 90	
湿度	02-26 08:49	状态 正常	状态信息缺失
翻斗雨量	02-26 08:49	状态 正常 外电压 122 内电压 115 太阳能 149 电量 77% 功耗 10 电流 4 供电 电池 掉线 0 重启 0 0 信号 73	
风1	02-26 08:49	状态 正常 外电压 123 内电压 117 太阳能 164 电量 86% 功耗 14 电流 8 供电 电池 掉线 0 重启 0 0 信号 97	
视频	02-26 08:48	状态 正常 外电压 120 内电压 1 太阳能 0 电量 99% 功耗 11 电流 83 供电 备份 掉线 0 重启 0 0 信号 102	

图 7.10 湿度智能电源通信控制器状态信息 2

④如果 SAMPLES 表中湿度/温度智能电源通信控制器状态信息异常，需要检查气温/湿度总线电缆是否破损，导致传输异常。温度排查方法和湿度一致，见图 7.11。

7.4.4 无锡智能站气压数据缺测

故障现象：无锡智能站气压数据缺测。

故障点：线缆连接、供电、传感器。

气压	02-26 08:49	分钟 1010(00) 分钟标准差 0(00)
气温1	02-26 08:49	分钟 /(//) 分钟标准差 /(//) 露点温度 /(//)
湿度	02-26 08:49	分钟 /(//) 分钟标准差 /(//) 露点温度 /(//)
翻斗雨量	02-26 08:49	分钟 0(00) 5分钟 0(00) 筒口堵塞状态 0 上翻斗状态 0 计数翻斗状态 0
风速1 风向1	02-26 08:49 02-26 08:49	瞬时 2(00) 分钟极值 16(00) 分钟 10(00) 分钟标准差 30(00) 2分钟 13(00) 10分钟 22(00) 瞬时 359(00) 分钟极值 359(00) 分钟 359(00) 分钟标准差 13800(00) 2分钟 49(00) 10分钟 76(00)
		状态
控制器	02-26 08:49	供电(12V/5V/3.3V/1.2V) 12.1/5.21/3.31/1.21 工作电流 145.31mA 机箱温度 7.0 机箱门 关闭 SD卡状态 已插入:已挂载
		ZIGBEE状态 正常 RS485状态 正常(2024-02-26 08:49:04) 经度 120.00.00 纬度 30.00.00 拔海高度 15.50
ZIGBEE	02-26 08:49	气温1:故障 湿度:故障 翻斗雨量:正常 风1:正常
RS485	02-26 08:49	气温1:未建立连接 湿度:未建立连接 翻斗雨量:正常 风1:正常
4G模块	02-26 08:49 02-26 08:49	状态 OK SIM OK 拨号 OK 信号 22 通道状态(1-5) OK OK ER ER ER 在线时间 60440 在线时间(1-5) 1508944 1508944 0 0 0
气压	02-26 08:49	状态 正常
气温1	02-26 08:49	状态 正常　　状态信息缺失
湿度	02-26 08:49	状态 正常
翻斗雨量	02-26 08:49	状态 正常 外电压 122 内电压 115 太阳能 149 电量 77% 功耗 10 电流 4 供电 电池 掉线 0 重启 0 0 信号 73
风1	02-26 08:49	状态 正常 外电压 123 内电压 117 太阳能 164 电量 86% 功耗 14 电流 8 供电 电池 掉线 0 重启 0 0 信号 97
视频	02-26 08:48	状态 正常 外电压 120 内电压 1 太阳能 0 电量 99% 功耗 11 电流 83 供电 备份 掉线 0 重启 0 0 信号 102

图 7.11　湿度智能电源通信控制器状态信息 3

处理方法：

①现场笔记本电脑连接 DPZ3 智能集成处理器调试口，使用串口软件发送 SAMPLES 指令，检查气压数据是否正常。

②观察气压传感器运行灯是否常亮，如果不亮检查气压传感器供电，万用表测量机箱内传感器供电 20(棕)、21(白)针脚供电电压是否 12 V 以上，如果供电正常需要更换气压传感器，供电异常需要排查供电线路，如图 7.12。

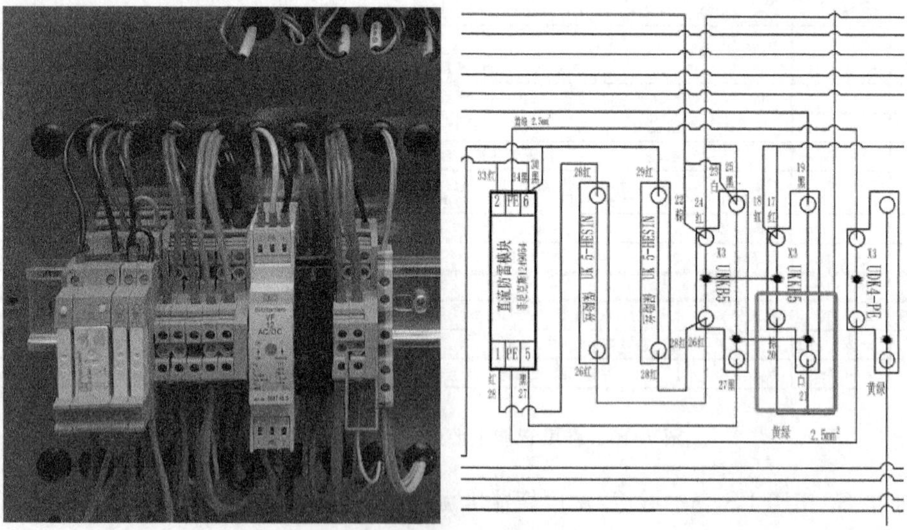

图 7.12　DPZ3 智能集成处理器供电接线

③气压传感器运行灯常亮，请使用无锡配发的调试线缆直连气压传感器，使用串口软件发送 READDATA 命令确认气压数据是否正常，如果数据异常更换气压传感器，如图 7.13。

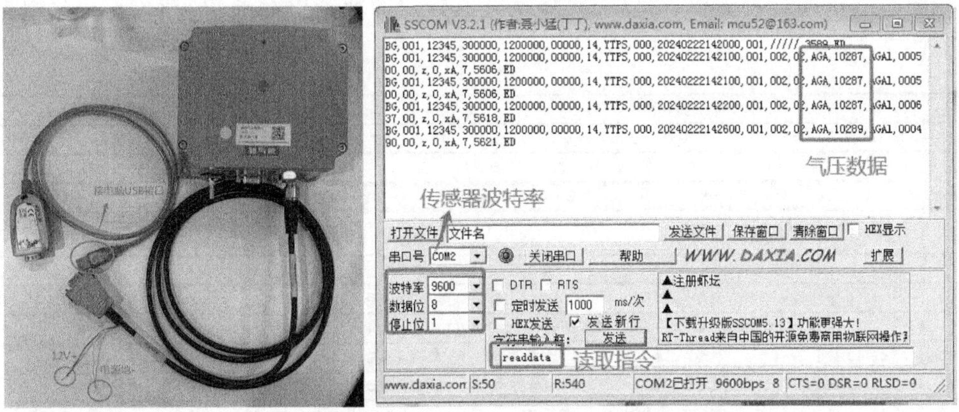

图 7.13 直连气压传感器

7.4.5 无锡智能站雨量数据缺测

故障现象：无锡智能站翻斗数据缺测。

故障点：线缆连接、供电、传感器、通信组件。

处理方法：

①现场笔记本电脑连接 DPZ3 智能集成处理器调试口，使用串口软件发送 SAMPLES 指令，检查雨量数据，雨量智能电源通信控制器状态信息是否正常。

②如果 SAMPLES 表中雨量智能电源通信控制器状态信息正常，雨量数据缺测，需要排查智能翻斗式雨量测量仪工作状态（排查方法见下④），雨量测量仪电缆是否破损，见图 7.14。

气压	02-28 13:19	分钟 10109(00) 分钟标准差 496(00)
气温1	02-28 13:19	分钟 188(00) 分钟标准差 611(00) 5分钟 187(00) 5分钟标准差 1414(00)
湿度	02-28 13:19	分钟 61(00) 分钟标准差 44(00) 露点温度 109(00)
翻斗雨量	02-28 13:19	分钟 /(//) 5分钟 /(//) 筒口堵塞状态 / 上翻斗状态 / 计数翻斗状态 / 雨量数据
风速1 风向1	02-28 13:19 02-28 13:19	瞬时 2(00) 分钟极值 8(00) 分钟 5(00) 分钟标准差 20(00) 2分钟 4(00) 10分钟 5(00) 瞬时 201(00) 分钟极值 201(00) 分钟 201(00) 分钟标准差 7200(00) 2分钟 7(00) 10分钟 346(00)
		状态
控制器	02-28 13:19	供电(12V/5V/3.3V/1.2V) 13.1/5.20/3.29/1.19 工作电流 127.25mA 机箱温度 22.2 机箱门 关闭 SD卡状态 已插入:已挂载
		ZIGBEE状态 正常 RS485状态 正常(2024-02-28 13:19:04) 经度 117.9.19 纬度 24.10.32 拔海高度 100.10
ZIGBEE	02-28 13:19	气温1:正常 湿度:正常 翻斗雨量:正常 风1:正常
RS485	02-28 13:19	气温1:正常 湿度:正常 翻斗雨量:正常 风1:正常
4G模块	02-28 13:19 02-28 13:19	状态 OK SIM OK 拨号 OK 信号 22 通道状态(1-5) OK OK ER ER ER 在线时间 11250 在线时间(1-5) 11075 11250 0 0 0 雨量状态信息
气压	02-28 13:19	状态 正常
气温1	02-28 13:19	状态 正常 外电压 133 内电压 118 太阳能 164 电量 91% 功耗 10 电流 105 供电 电池 掉线 0 重启 0 0 信号 85
湿度	02-28 13:19	状态 正常 外电压 133 内电压 117 太阳能 164 电量 86% 功耗 13 电流 70 供电 电池 掉线 0 重启 0 0 信号 79
翻斗雨量	02-28 13:19	状态 正常 外电压 133 内电压 117 太阳能 163 电量 86% 功耗 10 电流 96 供电 电池 掉线 0 重启 0 0 信号 65
风1	02-28 13:19	状态 正常 外电压 133 内电压 118 太阳能 164 电量 91% 功耗 15 电流 125 供电 电池 掉线 0 重启 0 0 信号 91
视频	02-28 13:19	状态 正常 外电压 123 内电压 3 太阳能 0 电量 99% 功耗 5 电流 0 供电 备份 掉线 0 重启 0 0 信号 83

图 7.14 雨量智能电源通信控制器状态信息 1

③如果 SAMPLES 表中雨量智能电源通信控制器状态信息缺失，雨量数据缺测，现场检查雨量智能电源通信控制器状态，工作时红灯秒闪，充满电绿灯常亮，正在充电闪烁状态，检查

雨量/气温总线电缆是否破损，可以临时替换其他要素的智能电源通信控制器，观察数据是否恢复，见图 7.15。

气压	02-28 13:19	分钟 10109(00) 分钟标准差 496(00)
气温1	02-28 13:19	分钟 188(00) 分钟标准差 611(00) 5分钟 187(00) 5分钟标准差 1414(00)
湿度	02-28 13:19	分钟 61(00) 分钟标准差 44(00) 露点温度 109(00)
翻斗雨量	02-28 13:19	分钟 /(//) 5分钟 /(//) 简口堵塞状态 / 上翻斗状态 / 计数翻斗状态 / 雨量数据缺测
风速1 风向1	02-28 13:19 02-28 13:19	瞬时 2(00) 分钟极值 8(00) 分钟 5(00) 分钟标准差 20(00) 2分钟 4(00) 10分钟 5(00) 瞬时 201(00) 分钟极值 201(00) 分钟 201(00) 分钟标准差 7200(00) 2分钟 7(00) 10分钟 346(00)
		状态
控制器	02-28 13:19	供电(12V/5V/3.3V/1.2V) 13.1/5.20/3.29/1.19 工作电流 127.25mA 机箱温度 22.2 机箱门 关闭 SD卡状态 已插入:已挂载
		ZIGBEE状态 正常 RS485状态 正常(2024-02-28 13:19:04) 经度 117.9.19 纬度 24.10.32 拔海高度 100.10
ZIGBEE	02-28 13:19	气温1:正常 湿度:正常 翻斗雨量:故障 无线通信故障
RS485	02-28 13:19	气温1:正常 湿度:正常 翻斗雨量:未建立连接 有线通信故障
4G模块	02-28 13:19 02-28 13:19	状态 OK SIM OK 拨号 OK 信号 22 通道状态(1-5) OK OK ER ER ER 在线时间 11250 在线时间(1-5) 11075 11250 0 0 0
气压	02-28 13:19	状态 正常
气温1	02-28 13:19	状态 正常 外电压 133 内电压 118 太阳能 164 电量 91% 功耗 10 电流 105 供电 电池 掉线 0 重启 0 0 信号 85
湿度	02-28 13:19	状态 正常 外电压 133 内电压 117 太阳能 164 电量 86% 功耗 13 电流 70 供电 电池 掉线 0 重启 0 0 信号 79
翻斗雨量	02-28 13:19	状态 正常 状态信息缺失
风1	02-28 13:19	状态 正常 外电压 133 内电压 118 太阳能 164 电量 91% 功耗 15 电流 125 供电 电池 掉线 0 重启 0 0 信号 91
视频	02-28 13:19	状态 正常 外电压 123 内电压 3 太阳能 0 电量 99% 功耗 5 电流 0 供电 备份 掉线 0 重启 0 0 信号 83

图 7.15 雨量智能电源通信控制器状态信息 2

④智能翻斗式雨量测量仪故障排查方法：打开智能翻斗式雨量测量仪盖子，确认设备运行灯是否秒闪，如果不闪烁，万用表测量“棕”“白”供电电压是否为 12 V，有电压即翻斗式雨量测量仪故障，无电压检查雨量测量仪电缆是否破损，如图 7.16。

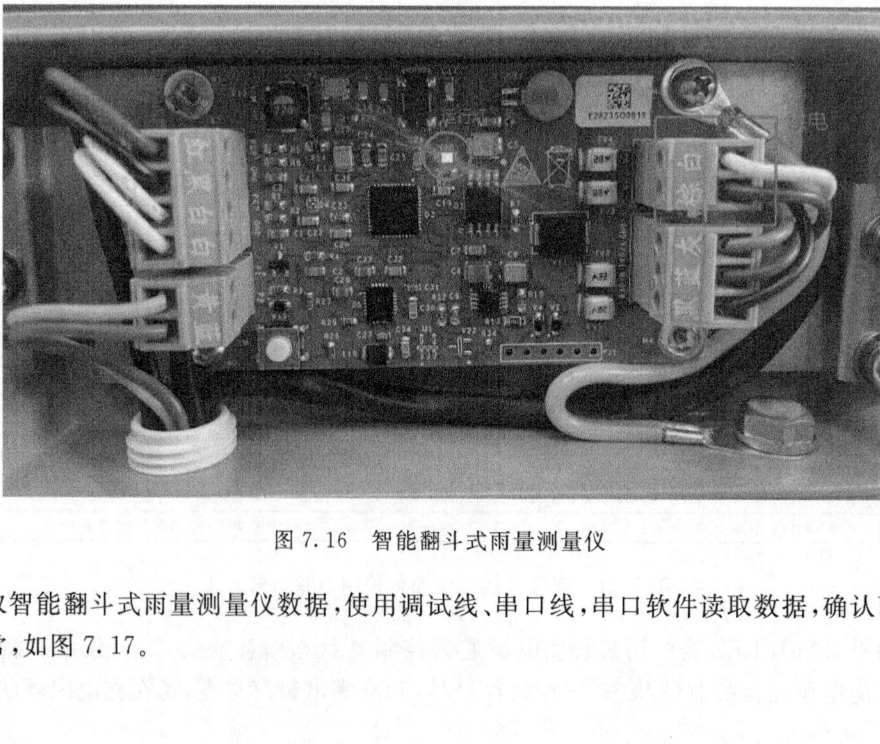

图 7.16 智能翻斗式雨量测量仪

读取智能翻斗式雨量测量仪数据，使用调试线、串口线，串口软件读取数据，确认雨量数据是否正常，如图 7.17。

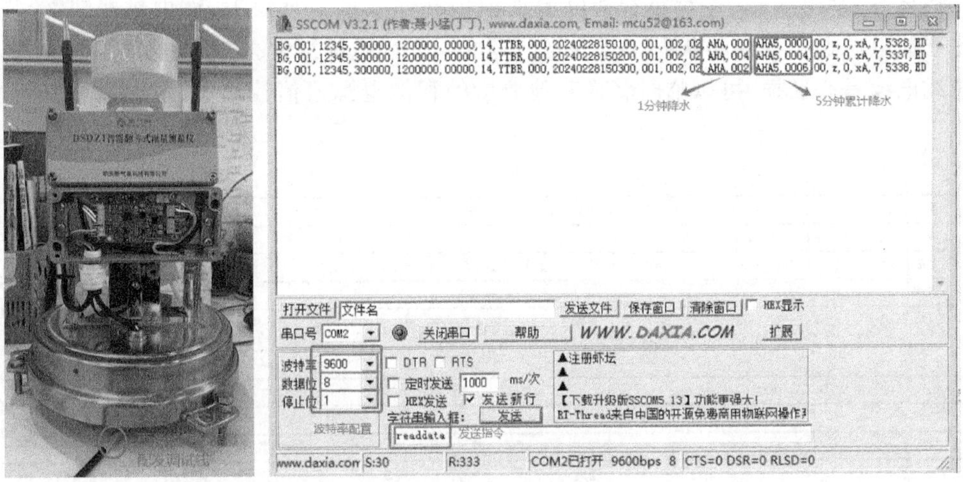

图 7.17　智能翻斗式雨量测量仪调试

7.4.6　无锡智能站点称重无数据

故障现象:无锡智能站称重数据缺测。

故障点:线缆连接、供电、传感器、通信组件。

处理方法:

①现场笔记本电脑连接 DPZ3 智能集成处理器调试口,使用串口软件发送 SAMPLES 指令,检查称重数据是否正常。

②如果 SAMPLES 表中称重智能电源通信控制器状态信息正常,称重数据缺测,需要排查智能称重式降水测量仪工作状态(排查方法见下④),称重测量仪电缆是否破损,见图 7.18。

气压	02-28 13:19	分钟 10109(00)　分钟标准差 496(00)
气温1	02-28 13:19	分钟 188(00)　分钟标准差 611(00)　5分钟 187(00)　5分钟标准差 1414(00)
湿度	02-28 13:19	分钟 61(00)　分钟标准差 44(00)　露点温度 109(00)
翻斗雨量	02-28 13:19	分钟 0(00)　5分钟 0(00)　筒口堵塞状态 0　上翻斗状态 0　计数翻斗状态 0
称重雨量	02-28 14:18	分钟 /(//)　5分钟 /(//)　溢出状态 /　称重无数据
风速1 风向1	02-28 13:19 02-28 13:19	瞬时 2(00)　分钟极值 8(00)　分钟 5(00)　分钟标准差 20(00)　2分钟 4(00)　10分钟 5(00) 瞬时 201(00)　分钟极值 201(00)　分钟 201(00)　分钟标准差 7200(00)　2分钟 7(00)　10分钟 346(00)
		状态
控制器	02-28 13:19	供电(12V/5V/3.3V/1.2V) 13.1/5.20/3.29/1.19　工作电流 127.25mA　机箱温度 22.2　机箱门 关闭　SD卡状态 已插入:已挂载
		ZIGBEE状态 正常　RS485状态 正常(2024-02-28 13:19:04)　经度 117.9.19　纬度 24.10.32　拔海高度 100.10
ZIGBEE	02-28 13:19	气温1:正常　湿度:正常　称重雨量:正常　翻斗雨量:正常　风1:正常
RS485	02-28 13:19	气温1:正常　湿度:正常　称重雨量:正常　翻斗雨量:正常　风1:正常
4G模块	02-28 13:19 02-28 13:19	状态 OK　SIM OK　拨号 OK　信号 22　通道状态(1-5)　OK　OK　ER　ER　ER　状态信息正常 在线时间 11250　在线时间(1-5)　11075　11250　0　0　0
气压	02-28 13:19	状态 正常
气温1	02-28 13:19	状态 正常　外电压 133　内电压 118　太阳能 164　电量 91%　功耗 10　电流 105　供电 电池　掉线 0　重启 0 0　信号 85
湿度	02-28 13:19	状态 正常　外电压 133　内电压 117　太阳能 164　电量 86%　功耗 13　电流 70　供电 电池　掉线 0　重启 0 0　信号 79
翻斗雨量	02-28 13:19	状态 正常　外电压 133　内电压 117　太阳能 164　电量 86%　功耗 13　电流 70　供电 电池　掉线 0　重启 0 0　信号 79
称重雨量	02-28 13:19	状态 正常　外电压 133　内电压 115　太阳能 163　电量 80%　功耗 174　电流 58　供电 备份　掉线 0　重启 0 0　信号 59
风1	02-28 13:19	状态 正常　外电压 133　内电压 118　太阳能 164　电量 91%　功耗 15　电流 125　供电 电池　掉线 0　重启 0 0　信号 91
视频	02-28 13:19	状态 正常　外电压 123　内电压 3　太阳能 0　电量 99%　功耗 5　电流 0　供电 备份　掉线 0　重启 0 0　信号 83

图 7.18　称重智能电源通信控制器状态信息 1

③如果 SAMPLES 表中称重智能电源通信控制器状态信息缺失，称重数据缺测，现场检查称重智能电源通信控制器状态，工作时红灯秒闪，充满电绿灯常亮，正在充电闪烁状态，检查称重总线电缆是否破损，可以临时替换其他要素的智能电源通信控制器，观察数据是否恢复，见图 7.19。

气压	02-28 13:19	分钟 10109(00) 分钟标准差 496(00)
气温1	02-28 13:19	分钟 188(00) 分钟标准差 611(00) 5分钟 187(00) 5分钟标准差 1414(00)
湿度	02-28 13:19	分钟 61(00) 分钟标准差 44(00) 露点温度 109(00)
翻斗雨量	02-28 13:19	分钟 0(00) 5分钟 0(00) 筒口堵塞状态 0 上翻斗状态 0 计数翻斗状态 0
称重雨量	02-28 14:18	分钟 /(//) 5分钟 /(//) 溢出状态 / 称重数据缺测
风速1 风向1	02-28 13:19 02-28 13:19	瞬时 2(00) 分钟极值 8(00) 分钟 5(00) 分钟标准差 20(00) 2分钟 4(00) 10分钟 5(00) 瞬时 201(00) 分钟极值 201(00) 分钟 201(00) 分钟标准差 7200(00) 2分钟 7(00) 10分钟 346(00)
		状态
控制器	02-28 13:19	供电(12V/5V/3.3V/1.2V) 13.1/5.20/3.29/1.19 工作电流 127.25mA 机箱温度 22.2 机箱门 关闭 SD卡状态 已插入:已挂载
		ZIGBEE状态 正常 RS485状态 正常(2024-02-28 13:19:04) 经度 117.9.19 纬度 24.10.32 拔海高度 100.10
ZIGBEE	02-28 13:19	气温1:正常 湿度:正常 称重雨量:故障 无线通信故障 翻斗雨量:正常 风1:正常
RS485	02-28 13:19	气温1:正常 湿度:正常 称重雨量:未建立连接 有线通信故障 翻斗雨量:正常 风1:正常
4G模块	02-28 13:19 02-28 13:19	状态 OK SIM OK 拨号 OK 信号 22 通道状态(1-5) OK OK ER ER ER 在线时间 11250 在线时间(1-5) 11075 11250 0 0 0
气压	02-28 13:19	状态 正常
气温1	02-28 13:19	状态 正常 外电压 133 内电压 118 太阳能 164 电量 91% 功耗 10 电流 105 供电 电池 掉线 0 重启 0 0 信号 85
湿度	02-28 13:19	状态 正常 外电压 133 内电压 117 太阳能 164 电量 86% 功耗 13 电流 70 供电 电池 掉线 0 重启 0 0 信号 79
翻斗雨量	02-28 13:19	状态 正常 外电压 133 内电压 117 太阳能 164 电量 86% 功耗 13 电流 70 供电 电池 掉线 0 重启 0 0 信号 79
称重雨量	02-28 13:19	状态 正常 | 状态信息缺失
风1	02-28 13:19	状态 正常 外电压 133 内电压 118 太阳能 164 电量 91% 功耗 15 电流 125 供电 电池 掉线 0 重启 0 0 信号 91
视频	02-28 13:19	状态 正常 外电压 123 内电压 3 太阳能 0 电量 99% 功耗 5 电流 0 供电 备份 掉线 0 重启 0 0 信号 83

图 7.19 称重智能电源通信控制器状态信息 2

④智能称重式降水测量仪故障排查方法：打开智能称重式降水测量仪盖子，确认设备运行灯是否秒闪，如果不闪烁，万用表测量“棕”“白”供电电压是否为 12 V，有电压即称重式降水测量仪故障，无电压检查称重测量仪电缆是否破损，见图 7.20。

图 7.20 智能称重式降水测量仪

读取智能称重式降水测量仪数据，使用调试线、串口线，串口软件读取数据，确认称重数据是否正常，见图 7.21。

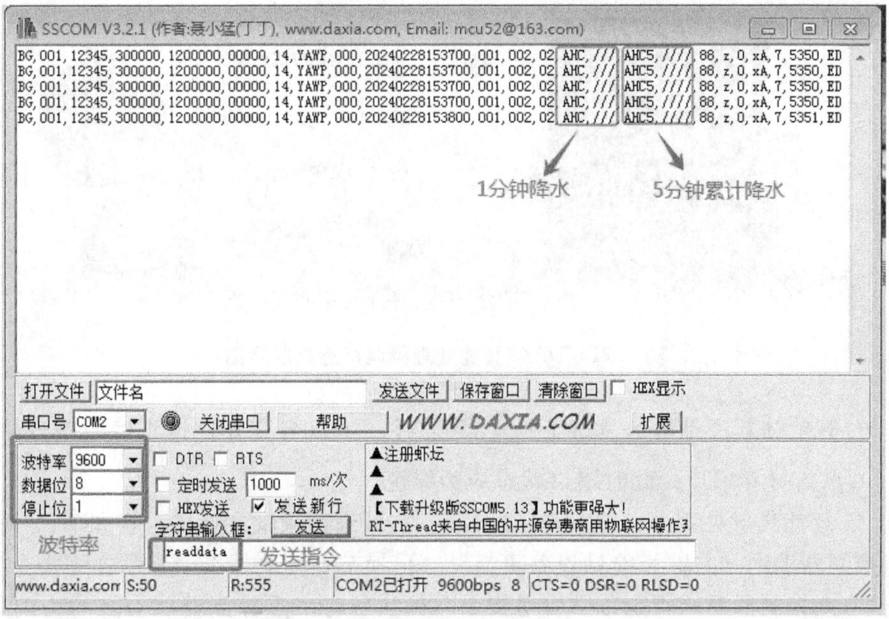

图 7.21　智能称重式降水测量仪调试

7.4.7　无锡智能站无数据上传

故障现象：中心站显示无锡智能站通信超时、数据未上传。

故障点：信号、通信模块、供电、集成处理器。

处理方法：

①查询数据传输 SIM 卡是否欠费。

②现场查看集成处理器和 WUSH-9218 通信模块供电是否正常。

③检查 WUSH-9218 通信模块状态灯是否常亮，网络灯是否间隔 2 闪烁(4G 网络)或 5 闪烁(2/3G 网络)，判断基站信号是否正常。

④使用手机“新气象”软件蓝牙连接 WUSH-9218 通信模块，检查通信终端号和通道 IP、端口号是否设置正确，天线连接是否可靠。

⑤笔记本电脑连接智能站调试口，使用 SAMPLES 或 READDATA，YIIP，000 命令读取实时数据，检查数据和各组件状态是否正常。

⑥发送 COMMNO 命令检查通信终端号是否和 WUSH－9218 通信模块、中心站一致。

7.4.8　华云智能站某个节点未组网成功

故障现象：使用获取智能站传感器真实 SN 号命令来获取所有传感器真实 SN 号，若无法获取某传感器的 SN 号，或观察某传感器对应的节点控制器黄色指示灯为持续三闪或四闪状态，代表该节点控制器没有进入当前 ZigBee 网络内，组网失败。

故障点：组网未绑定。

处理方法：

①调试连接。调试线一端接计算机，一端接 DPZ6 集成处理器“调试口”，见图 7.22。

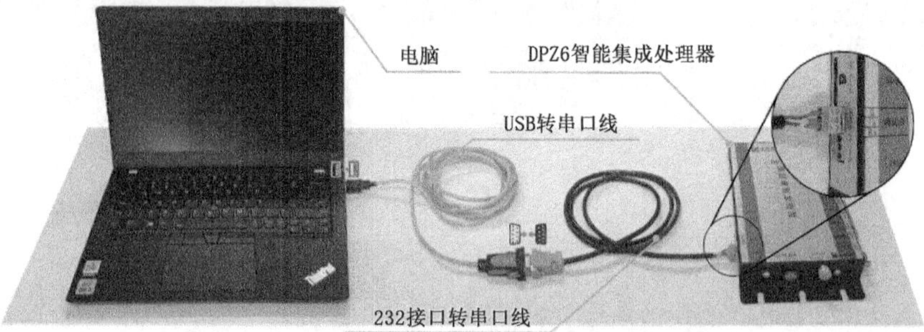

图 7.22 DPZ6 智能处理器调试连接示意图

②打开《智能站新型站串口测试工具》软件。串口名称处选择正确的串口号，波特率默认 19200，点击打开串口。此时串口状态应为绿色。

③DPZ6 智能集成处理器开机，等待 2 min 左右可进行调试。调试内容如下。

节点控制器退网：勾选“智能站设备更换”—“更换节点控制器”—“显示详细指令”。

点击“节点控制器退网指令”—“发送指令”，确认所有节点控制器状态灯均为闪烁四下状态，见图 7.23。

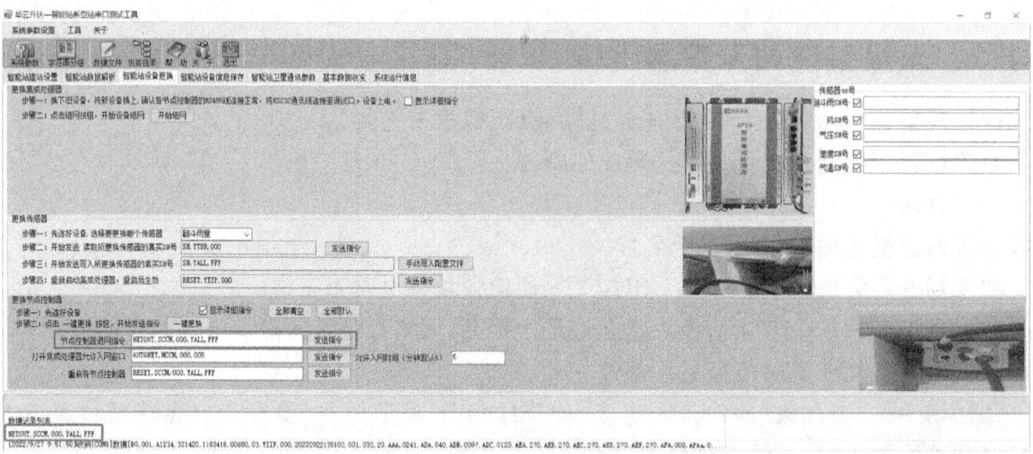

图 7.23 软件操作界面

打开允许入网窗口：点击“打开集成处理器允许入网窗口”—“发送指令”，见图 7.24。

重启节点控制器：点击“重启各节点控制器”—“发送指令”，当所有节点控制器状态指示灯均为闪烁两下状态时，组网完成，见图 7.25。

获取传感器真实 SN 号：勾选“更换集成处理器”—“显示详细指令”。

点击“读取传感器的真实 SN 号”—“发送指令”，等待软件回复所有智能传感器的真实 SN 号，见图 7.26。

若可以获取到当前所有要素 SN 号则代表组网成功。

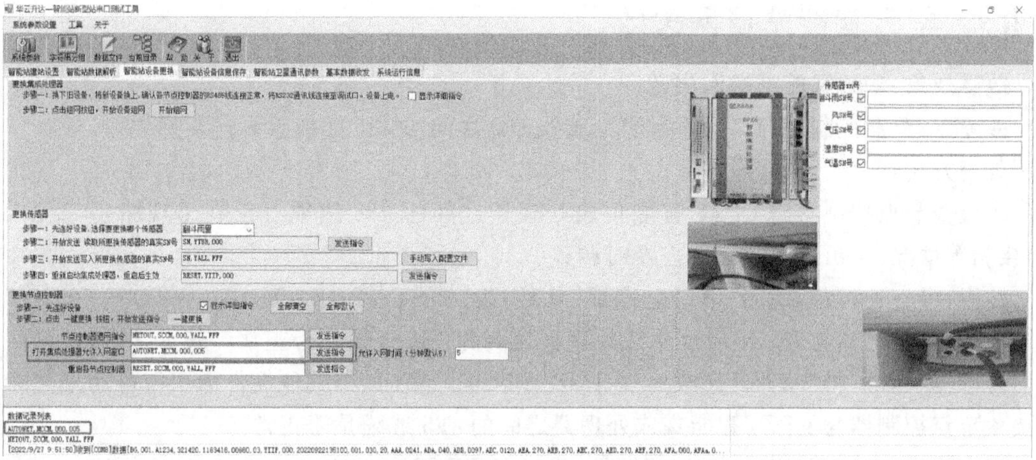

图 7.24 集成处理器入网窗口

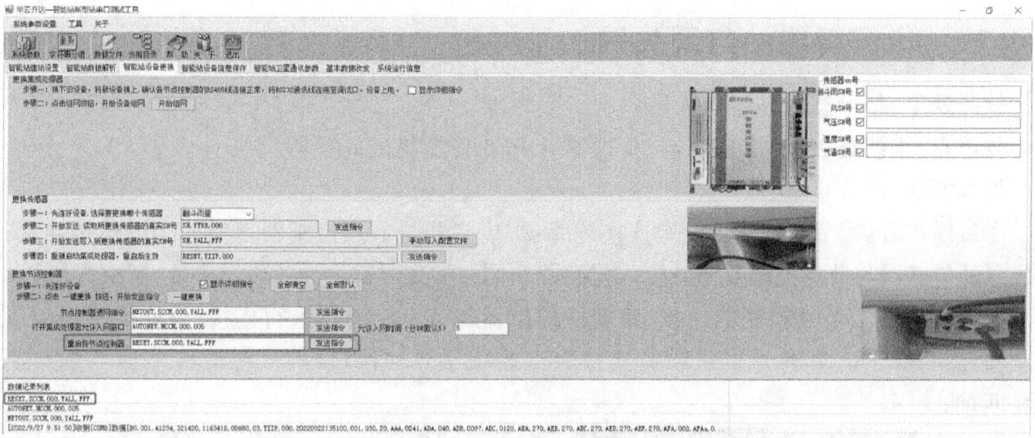

图 7.25 集成处理器重启窗口

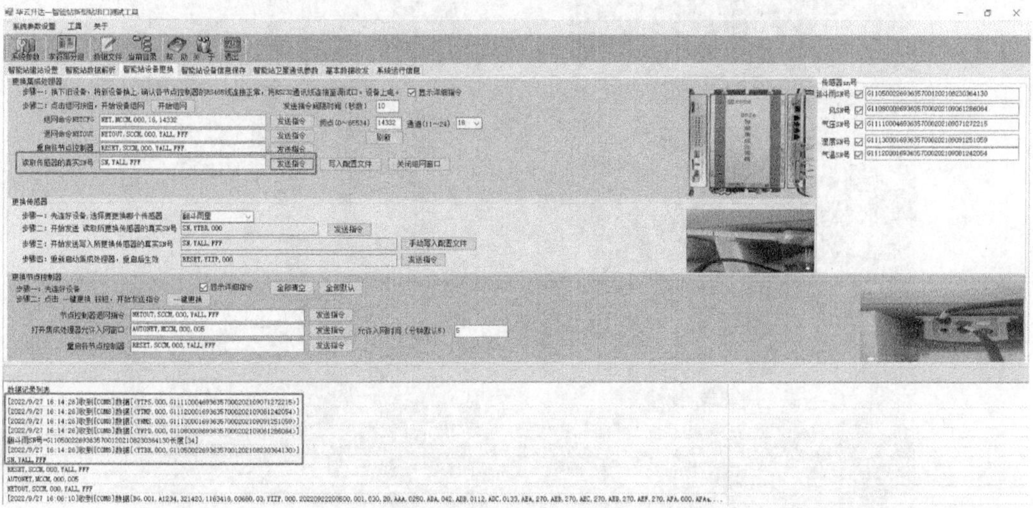

图 7.26 获取传感器真实 SN 号

7.4.9 华云智能站退网失败

故障现象：华云智能站退网失败。

故障点：节点控制器与 DPZ6 智能集成处理器之间的 485 线缆没有连接好导致。

处理方法：

①检查节点控制器与 DPZ6 智能集成处理器之间的 485 线缆有没有出现断路，短路，虚接，接错等情况，若出现上述情况需及时调整。

注意：可直连设备，使用“串口监控器”软件，发送“STAT，SCCM，000，YTMP，000 ↙”命令，确认节点控制器与 DPZ6 智能集成处理器之间的 485 线缆是否正常。若正常，串口可回复当前传感器状态。将 YTMP 修改为 YHMS、YWPD、YTBR 等其他设备标识符可用来判断其他要素节点控制器与 DPZ6 智能集成处理器之间的 485 线缆是否正常。

②连接设备，打开“串口监控器”软件，发送“NETOUT，SCCM，000，YALL，FFF ↙”命令进行退网操作，当看到节点控制器指示灯为持续闪烁四下状态时表示退网成功。

7.4.10 华云智能站组网失败

故障现象：华云智能站组网失败。

故障点：线缆连接、节点控制器、传感器、DPZ6 智能集成处理器。

处理方法：

①线缆连接：当节点控制器没有连接传感器，传感器与节点控制器之间的线缆连接异常，当前接入的传感器与节点控制器原始接入传感器非同一类型时都会导致组网失败，解决方法如下。

智能传感器与节点控制器连接：将智能传感器与节点控制器进行连接，智能传感器与节点控制器连接见图 7.27，传感器线缆需连接节点控制器 2 号接口，确认智能传感器与节点控制器相匹配。

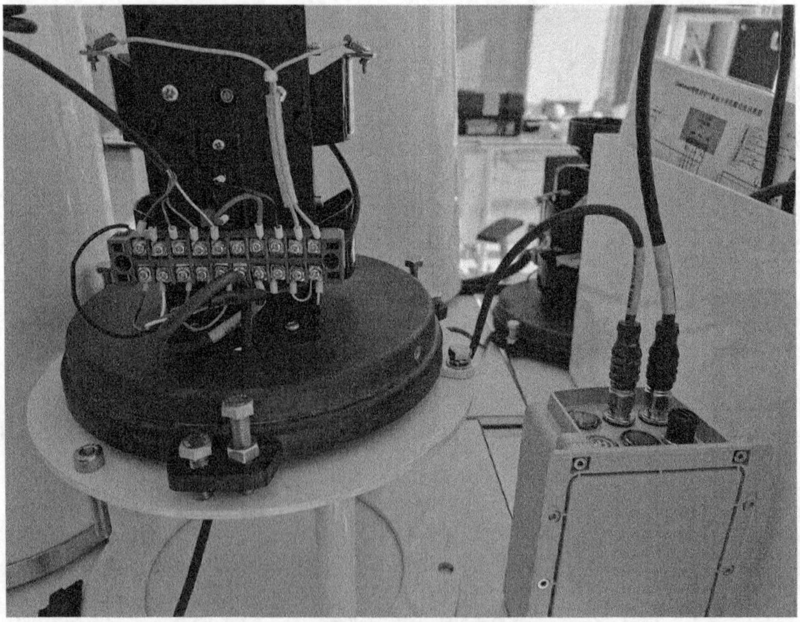

图 7.27 智能传感器与节点控制器连接

节点控制器与主机箱之间的线缆需连接至节点控制器3号接口，见图7.28。

图7.28 节点控制器与主机箱线缆连接

②节点控制器主要有以下几种情况。

节点控制器开机：确认节点控制器开关是否已开启，节点控制器开启时开关应为绿色常亮状态，见图7.29。

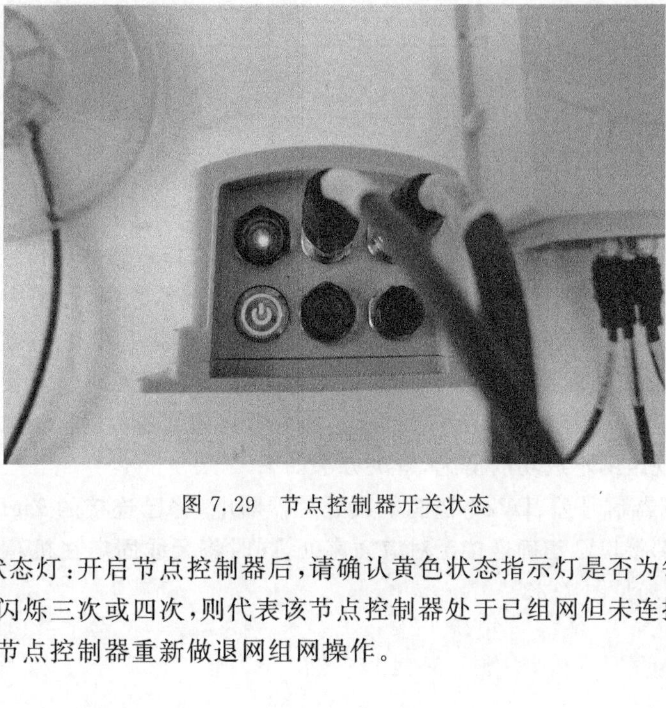

图7.29 节点控制器开关状态

节点控制器状态灯：开启节点控制器后，请确认黄色状态指示灯是否为每周期闪烁两次状态，若出现每周期闪烁三次或四次，则代表该节点控制器处于已组网但未连接至主协调器或未组网状态，请对该节点控制器重新做退网组网操作。

节点控制器损坏：当节点控制器正常开机，状态指示灯为每周期闪烁两次状态，传感器和线缆连接均正常的情况下依然无法组网，此时可判断节点控制器出现了故障，请联系客服人员进行相应处理。

③传感器：当传感器存在故障，无法正常输出数据时，此时也会出现智能站组网失败的情况，具体解决方法如下(以雨量传感器为例)。

调试连接：调试线一端接计算机，一端接雨量传感器接线排“蓝”“绿”“白”三根线，见图 7.30。

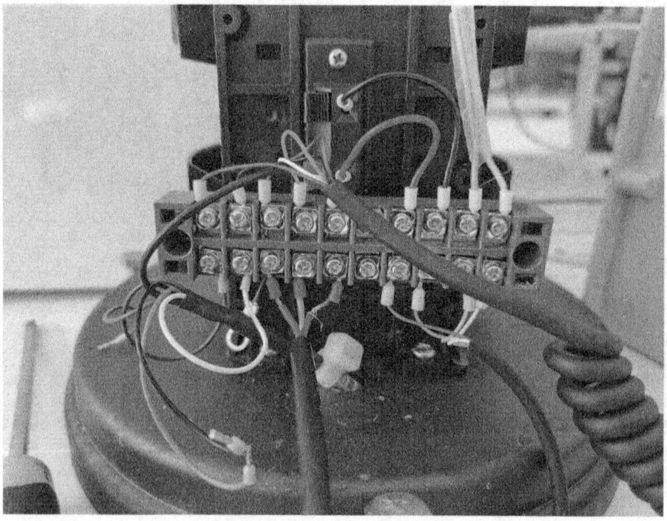

图 7.30　雨量传感器接线

直连传感器时，雨量传感器调试线见图 7.31。

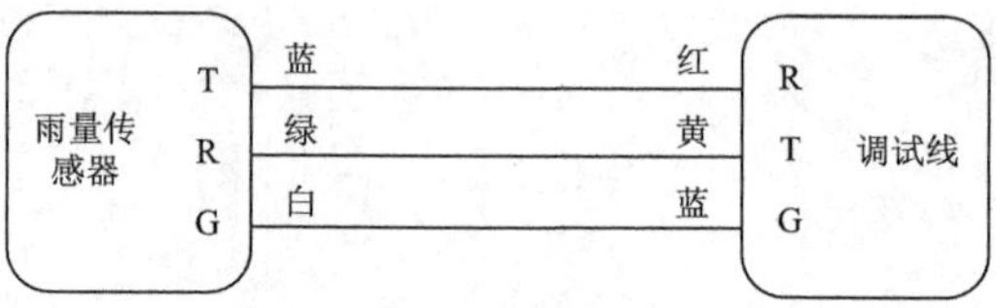

图 7.31　雨量传感器调试线

调试设置：雨量节点控制器开机，打开串口调试助手，选择正确的串口号。

发送“READDATA，YTBR，000↙”命令，读取雨量传感器数据，见图 7.32。

获取传感器数据：若能够正常读取雨量数据，则代表传感器正常，将线缆恢复原样即可。

④DPZ6 智能集成处理器：DPZ6 智能集成处理器集成了组网时所需使用的 ZigBee 主协调器，当主协调器因损坏或者信号不好导致无法接收节点控制器的组网请求，无法发送组网命令时，此时就会出现组网不成功的情况，解决方法如下。

ZigBee 主协调器信号差：DPZ6 智能集成处理器断电，将已连接的 ZigBee 天线进行重新拔插，确认天线底部接口已正确连接至对应插座处，同时将天线固定在机箱顶部天线支架上，华云智能站机箱布局见图 7.33。

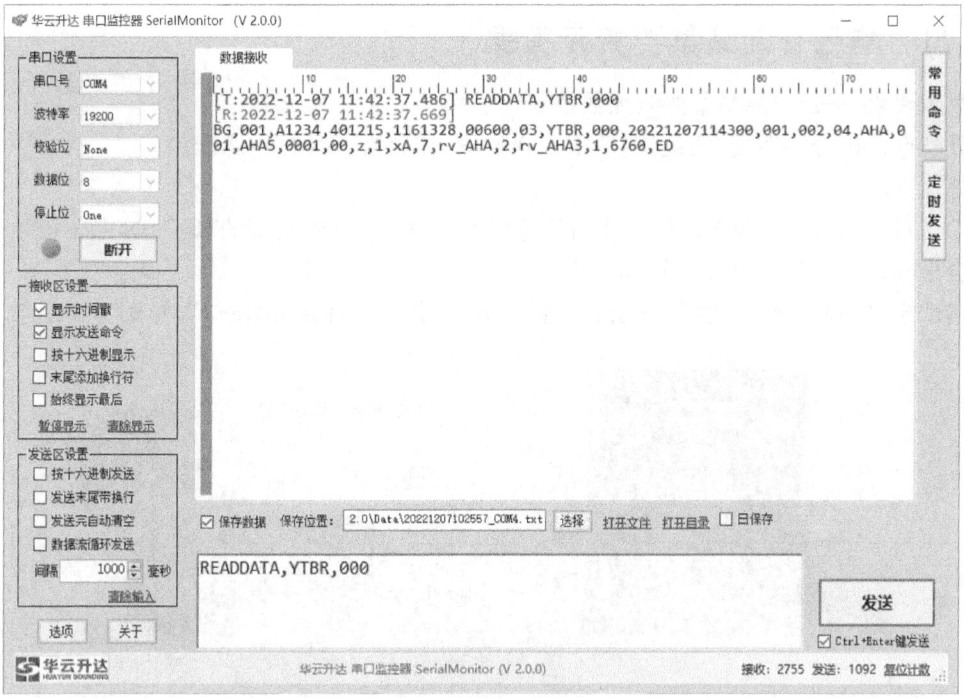

图 7.32 雨量节点控制器调试界面

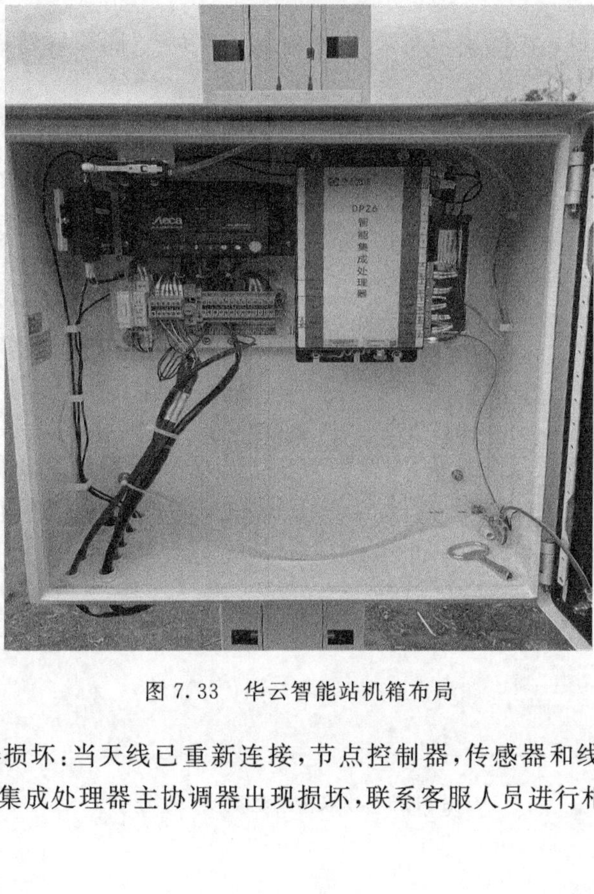

图 7.33 华云智能站机箱布局

ZigBee 主协调器损坏：当天线已重新连接，节点控制器，传感器和线缆连接均正常时，此时可判断 DPZ6 智能集成处理器主协调器出现损坏，联系客服人员进行相应处理。

7.4.11 华云智能站某要素无数据

故障现象：华云智能站某要素无数据。

故障点：SN 号不匹配、线缆连接、节点控制器、传感器、SN 号不匹配。

处理方法：

①当写入 DPZ6 智能集成处理器的传感器 SN 号与传感器自带的真实 SN 号不一致时，该要素会出现无数据的情况，解决方法如下。

调试连接：调试线一端接计算机，一端接 DPZ6 集成处理器“调试口”，见图 7.34。

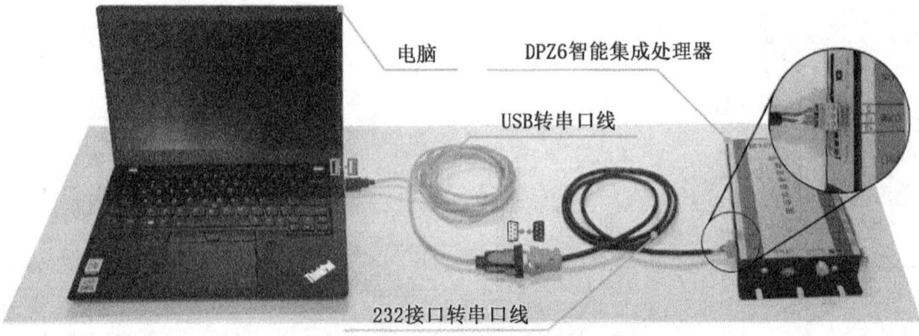

图 7.34 DPZ6 集成处理器调试接线

打开《智能站新型站串口测试工具》软件。串口名称处选择正确的串口号，波特率默认 19200，点击打开串口。此时串口状态应为绿色。DPZ6 智能集成处理器开机，等待 2 min 左右可进行调试。

获取所有传感器真实 SN 号：选择“智能站设备更换”，依次点击“更换集成处理器”—“显示详细指令”。点击“读取传感器真实 SN 号”—“发送指令”，此时可获取到所有传感器的真实 SN 号，见图 7.35。

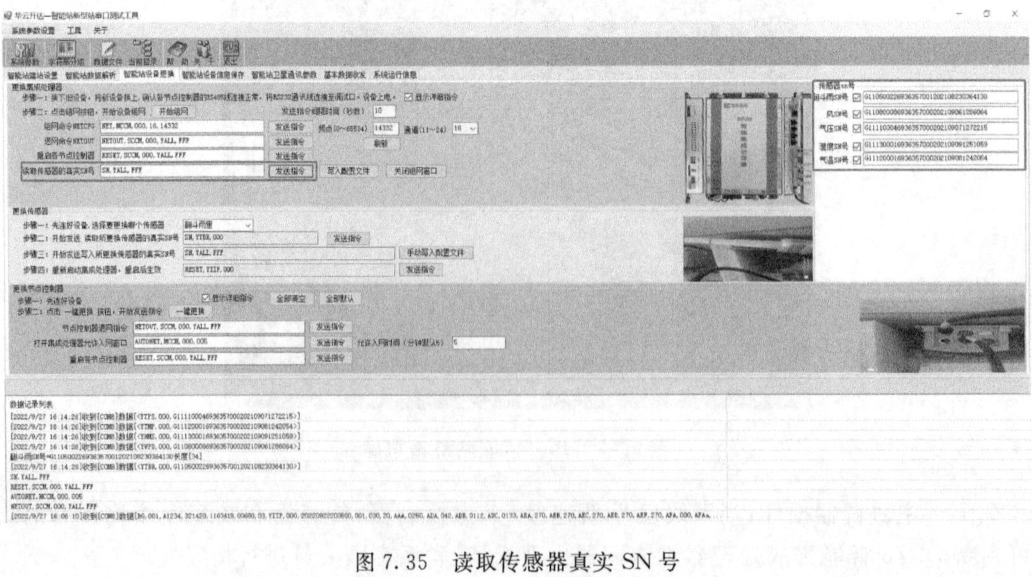

图 7.35 读取传感器真实 SN 号

写入SN号:获取智能传感器SN号完毕后,需要将所获取到的SN号写入DPZ6智能集成处理器。点击“读取传感器真实SN号”—“写入配置文件”,将获取到的SN号写入智能集成处理器。当收到“YIIP,000,T”的回复时,代表智能传感器真实SN号已成功写入DPZ6智能集成处理器。

注意:智能传感器SN号如何获取请参照上一步获取真实传感器SN号操作。

②线缆连接。

智能传感器与节点控制器连接:将智能传感器与节点控制器进行连接,传感器线缆需连接节点控制器2号接口,确认智能传感器与节点控制器相匹配。

节点控制器与智能站主机箱连接。

节点控制器与主机箱之间的线缆连接至节点控制器3号接口。

③节点控制器。

节点控制器开机:确认节点控制器开关是否已开启,节点控制器开启时开关应为绿色常亮状态。

节点控制器状态灯:开启节点控制器后,请确认黄色状态指示灯是否为每周期闪烁两次状态,若出现每周期闪烁三次或四次,则代表该节点控制器处于已组网但未连接至主协调器或未组网状态,请对该节点控制器重新做退网组网操作。

节点控制器损坏:当节点控制器正常开机,状态指示灯为每周期闪烁两次状态,传感器和线缆连接均正常的情况下该要素依然无数据,此时可判断节点控制器出现了故障,联系客服人员进行相应处理。

④传感器:智能站要素无数据,可对传感器进行直连调试,测试传感器输出是否正常,此处以雨量为例。

设备连接:提前准备计算机,U转串线,调试线(注意调试线一端为九针串口;另外一端为三芯散线端子),见图7.36。

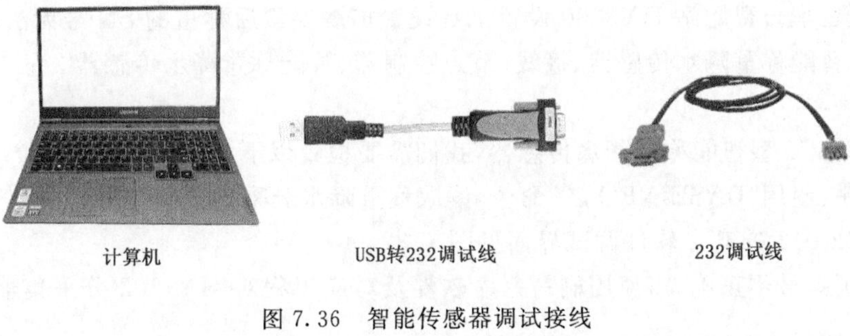

图7.36 智能传感器调试接线

调试连接:如图7.30、图7.31所示,调试线一端接计算机,一端接雨量传感器接线排“蓝”“绿”“白”三根线。

调试设置:雨量节点控制器开机,打开串口调试助手,选择正确的串口号。

发送“READDATA,YTBR,000↙”命令,读取雨量传感器数据。

若能够正常读取雨量数据,则代表传感器正常。将线缆恢复原样即可。

7.4.12 华云智能站组网成功，无数据返回

故障现象：华云智能站组网成功，无数据返回。

故障点：智能站组网成功，代表所有传感器和节点控制器均在当前 ZigBee 网络内，若出现无数据的情况，需检查是否可获取到所有传感器真实 SN 号以及 SN 号是否已写入智能集成处理器。

处理方法：

①调试连接：如图 7.34 所示，调试线一端接计算机，一端接 DPZ6 集成处理器“调试口”。

打开《智能站新型站串口测试工具》 软件。串口名称处选择正确的串口号，波特率默认 19200，点击打开串口。此时串口状态应为绿色。

DPZ6 智能集成处理器开机，等待 2 min 左右可进行调试。

②获取所有传感器真实 SN 号：选择“智能站设备更换”，依次点击“更换集成处理器”—“显示详细指令”。

点击“读取传感器真实 SN 号”—“发送指令”，此时可获取到所有传感器的真实 SN 号。

③写入 SN 号：获取智能传感器 SN 号完毕后，需要将所获取到的 SN 号写入 DPZ6 智能集成处理器。点击“读取传感器真实 SN 号”—“写入配置文件”，将获取到的 SN 号写入智能集成处理器。

当收到“YIIP，000，T”的回复时，代表智能传感器真实 SN 号已成功写入 DPZ6 智能集成处理器。

注意：智能传感器 SN 号如何获取请参照上一步获取真实传感器 SN 号操作。

7.4.13 华云智能站 HY3300 设置工具设置扩展要素后称重的 SN 号无法获取

故障现象：华云智能站 HY3300 设置工具设置扩展要素后称重的 SN 号无法获取。

故障点：智能称重降水传感器、接线、节点控制器、智能称重降水传感器。

处理方法：

①对于 DSC2 型智能称重降水传感器，我们需要检查以下几个方面。

检查程序：使用“BASEINFO↙”命令，读取称重降水分采集器版本号，正确的程序版本号应为“HY1102 012 045”。软件调试界面见图 7.37。

若程序版本号不正确，需使用刷写程序软件及对应工程对 HY1102 分采集器进行程序刷写，方法如下。

a. 采集器断电，使用双母头调试线将计算机和 HY1102 分采集器的 DEBUG 接口相连接。

打开《通用型采集器专用下载工具》软件，选择正确的串口号，点击“选择工程”按钮，选择正确的程序并打开，点击“开始下载”按钮的同时立刻对采集器上电，等待进度条结束，程序刷写完毕，见图 7.38。

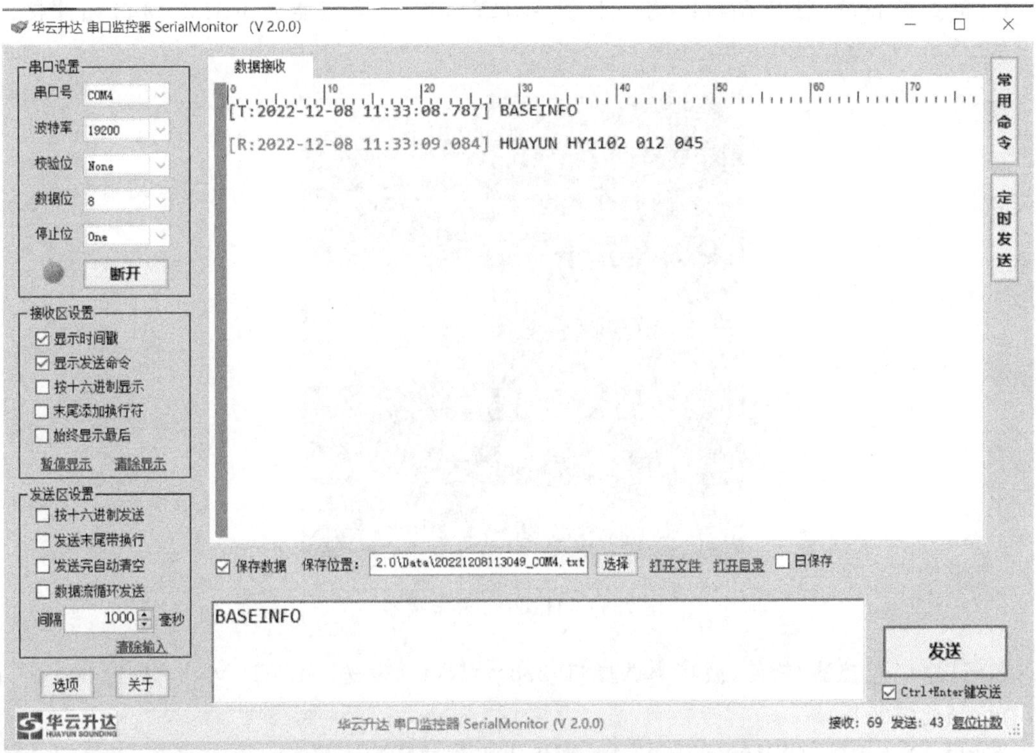

图 7.37　软件调试界面

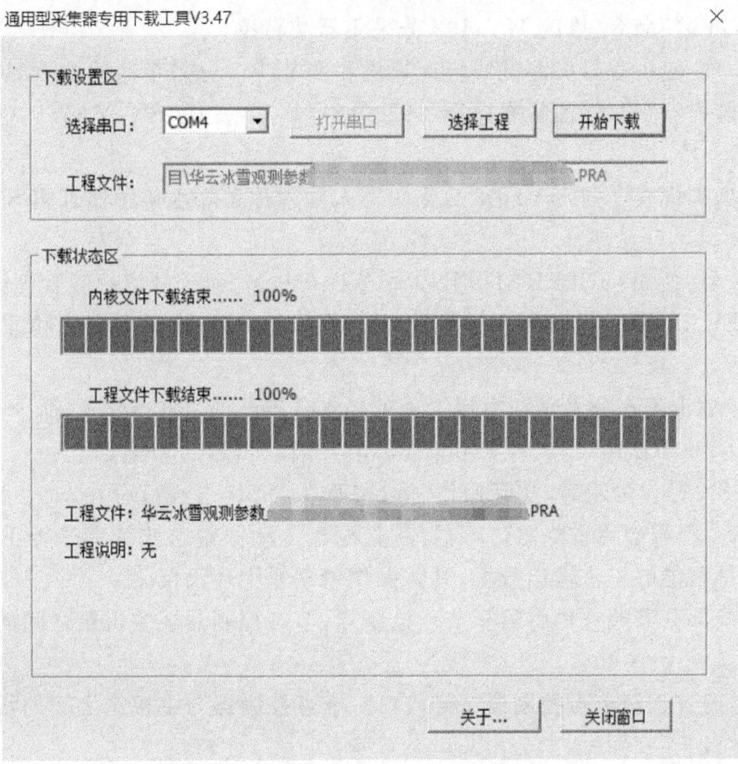

图 7.38　通用型采集器专用下载工具界面

b. 检查波特率：使用调试线将计算机和 HY1102 分采集器的 RS232 接口相连接，见图 7.39。

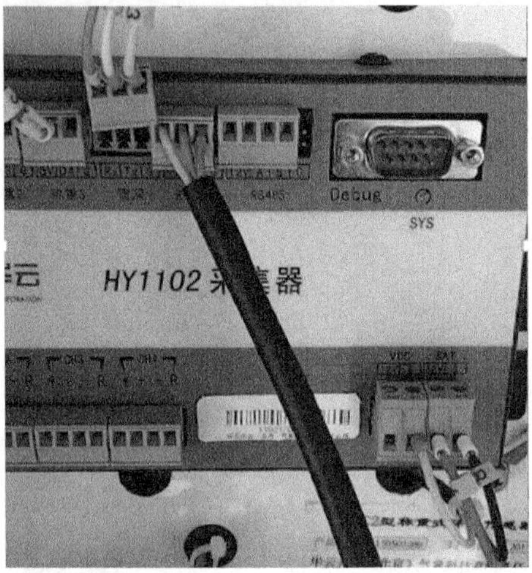

图 7.39　HY1102 分采集器

打开“串口监控器”软件，波特率选择“19200\8\N\1”，发送“SETCOM，YAWP，000 ↙”命令，查询当前波特率。

若回复“YAWP，000，19200，8，N，1”，则代表当前波特率正确。

若无任何回复则代表当前波特率异常，需找到正确的波特率并使用“SETCOM，YAWP，000，19200，8，N，1 ↙”命令，修改 HY1102 分采集器波特率。

c. 检查 SN 号：使用双母头调试线将计算机和 HY1102 分采集器的 DEBUG 接口相连接。

打开“串口监控器”软件，波特率选择“19200\8\N\1”，发送“SN，YAWP，000 ↙”，获取称重降水传感器 SN 号。

若无法获取，则代表当前 HY1102 分采集器未写入称重降水传感器真实 SN 号，需使用相关命令重新写入。

d. 写入 SN 号：使用“SUPERADMIN，YAWP，000 ↙”命令开启超级管理员模式。

注意：SUPERADMIN 开启的有效期为 20 min，需在 20 min 内完成称重降水 SN 号的写入。

向 HY1102 称重降水分采集器中写入称重降水传感器的真实 SN 号，命令如下：

SN，YAWP，000，G110500＊＊＊＊＊6357077202211151080068 ↙

注意：上述 SN 号仅为示意，实际操作时请按照真实 SN 号进行写入。

②对于 DSC3 型智能称重降水传感器，需要检查传感器输出波特率是否正常，SN 号是否已写入，采集器是否能够正常输出数据，具体操作请联系中环天仪。

③接线：接线部分需检查传感器至节点控制器，节点控制器至主机箱之间的线缆是否连接正确。

传感器线缆需连接至节点控制器 2 号接口。节点控制器与主机箱之间的线缆需连接至节点控制器 3 号接口。

④节点控制器：当传感器和接线均正常时，此时需考虑节点控制器是否存在故障。

节点控制器开机：确认节点控制器开关是否处于开启状态，节点控制器开启时开关应为绿色常亮状态。

节点控制器状态灯：开启节点控制器后，请确认黄色状态指示灯是否为每周期闪烁两次状态，若出现每周期闪烁三次或四次，则代表该节点控制器处于已组网但未连接至主协调器或未组网状态，请对该节点控制器重新做退网组网操作。

节点控制器损坏：当节点控制器正常开机，状态指示灯为每周期闪烁两次状态，传感器和线缆连接均正常的情况下依然无法正常获取到称重降水传感器的真实 SN 号，那么有可能是节点控制器出现了故障，此时请联系客服人员进行相应处理。

7.4.14　华云智能站气压表海拔高度设置正确，温度和气压数据均正常，但海平面气压数据异常

故障现象：气压表海拔高度设置正确，温度和气压数据均正常，但海平面气压数据异常。

故障点：主要是因为在设置完气压表海拔高度参数后没有重启 DPZ6 智能集成处理器，导致计算海平面气压时依然使用默认的气压表海拔高度数值而出现的错误。

处理方法：

设置气压表海拔高度。

①设备连接：如图 7.39 所示，调试线一端接计算机，一端接 DPZ6 集成处理器“调试口”。

打开《智能站新型站串口测试工具》 软件。“串口名称”处选择正确的串口号，波特率默认 19200，点击“打开串口”。此时串口状态应为绿色。

DPZ6 智能集成处理器开机，等待 2 min 左右可进行调试。

②参数设置：在“智能站建站设置”－“气压传感器海拔高度”处填写建站当地的海拔高度，注意单位为 0.1 m，填写完成点击“设置”保存即可，参数设置界面见图 7.40。

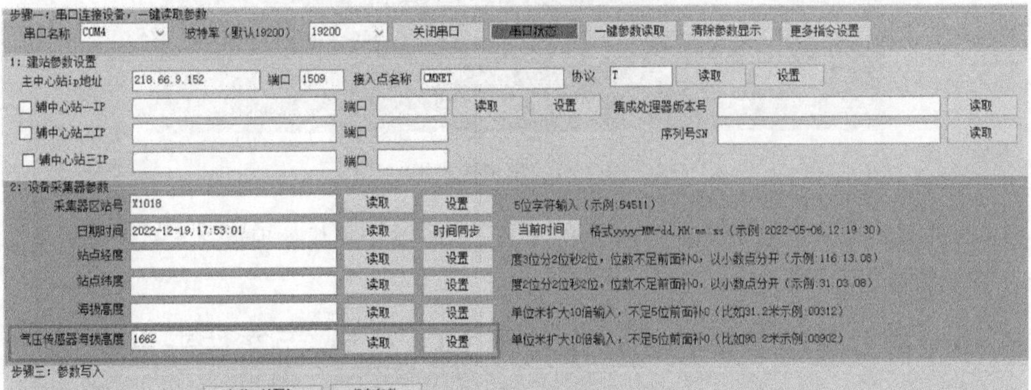

图 7.40　参数设置界面

③重启：设置完气压表海拔高度参数后，请务必重启 DPZ6 智能集成处理器，使设置的参数生效。

7.4.15 华云智能站雨量在有降水过程时显示雨量为0,筒口堵塞状态为1或2

故障现象:雨量在有降水过程时显示雨量为0,筒口堵塞状态为1或2。

故障点:雨量筒堵塞、固定皮筋未拆、电极片异常、屏蔽线接线错误。

处理方法:

①雨量筒堵塞:当雨量筒堵塞时,需前往现场进行清理,清理过程中要拆除雨量筒上方的过滤罩,拆下智能模块,清理上方的杂物。同时清理盛水器,上下翻斗上堆积的泥沙。

②固定皮筋未拆:拆除雨量筒外筒,现场检查用于固定上下翻斗,盛水器等部件的皮筋是否已拆除,若未拆除,请及时进行拆除。

③电极片异常:现场检查雨量状态电极片是否安装在指定位置处,若电极片脱落,需重新安装至原有位置处。

④屏蔽线接线错误:检查雨量屏蔽线是否安装在接线排指定位置处,若安装错误,需拆除屏蔽线并重新接至接线排,见图7.41。

图7.41 雨量接线排

⑤测试雨量筒:向雨量筒中倒入适量水,直连DPZ6智能集成处理器查看是否有雨量数据产生,筒口堵塞状态是否为0。

7.4.16 华云智能站图片无法上传至FTP目录,无文件夹生成

故障现象:华云智能站图片无法上传至FTP目录,无文件夹生成。

故障点:FTP参数设置错误、手机卡无法联网或当地信号较差导致。

处理方法:

①连接并登陆。

准备调试工具:计算机,网线。

连接设备:使用网线将红外半球网络摄像机连接至KT－TR321无线路由器的WAN口,调试计算机连接至LAN口,正确安装KT-TR321天线与SIM卡。设备上电,网络摄像机连

接见图 7.42。

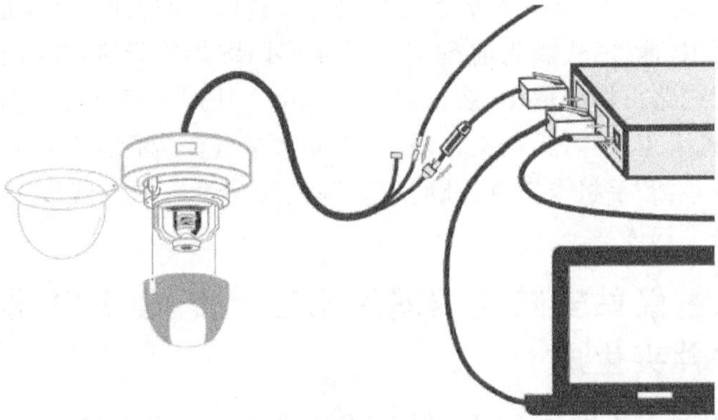

图 7.42 网络摄像机接线图

设备登陆:调试计算机本地连接 TCP/IP 属性设置为与无线路由器同网段的 IP 地址(不可与无线路由器 IP 相同)。

浏览器地址栏输入无线路由器实际使用的 IP 地址,输入用户名和密码登陆。

②FTP 设置故障:若 FTP 参数设置错误,则所有图片均无法上传至指定服务器,此时需对参数进行修改。

点击"数据采集"—"服务端设置",进入服务端设置界面,见图 7.43。

勾选"启用";

协议选择"FTP"协议;

FTP 服务器的 IP 地址:请按照实际填写;

端口:请按照实际填写;

登录名:请按照实际填写;

密码:请按照实际填写;

点击"保存 & 应用"按钮进行保存。

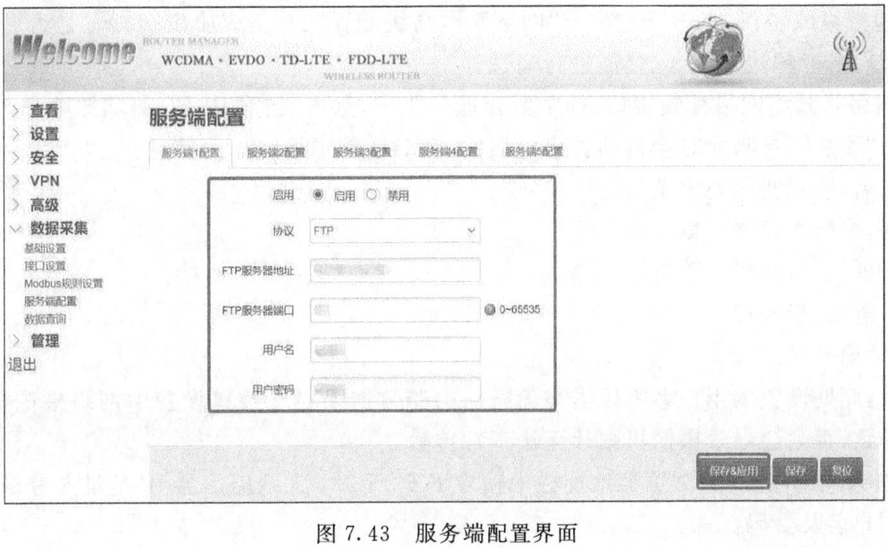

图 7.43 服务端配置界面

③手机卡无法联网：若无线路由器无法联网，此时可点击“查看”—“网络”，查看当前网络状态，需关注以下三点：查看SIM卡状态、信号强度、获取到的公网IP地址。

若无法获取到IP地址，代表当前SIM卡登录GPRS网络异常，此时需检查手机卡状态。

将手机卡从无线路由器中取出，装入自带手机中。使用手机进行上网测试，看能否正常联网。若可以，则手机卡正常，若无法正常联网，需联系运营商进行处理。

④当地信号较差：若手机卡正常，此时可以调整安防系统的天线以增强信号强度，或联系运营商对当地信号进行增强。

7.4.17 华云智能站安防监控图片无法上传，但FTP根目录下有自定义文件夹生成

故障现象：安防监控图片无法上传，但FTP根目录下有自定义文件夹生成。

故障点：网络摄像机故障及接线异常、网络摄像机与无线路由器参数设置不匹配造成。

处理方法：

①连接设备：使用网线将网络摄像机，无线路由器与计算机进行连接，修改计算机IP地址使其与网络摄像机和无线路由器处于同一网段。

②网络摄像机故障及接线异常：在供电正常的情况下，浏览器地址栏中输入网络摄像机IP地址并登录，登陆时需输入用户名及密码。若可正常登录，则代表当前网络摄像机正常，若无法正常登录，则有以下两种可能性。

③网线连接故障：使用一根新网线将无线路由器与网络摄像机重新进行连接，再次尝试使用计算机访问网络摄像机，若正常访问，代表连接故障，更换网线即可。

④网络摄像机故障：若更换网线后依然无法恢复正常，则考虑网络摄像机出现了故障，需联系客服人员进行维修处理。

⑤网络摄像机，无线路由器参数故障：确认网络摄像机，网络摄像机与无线路由器之间的连接均正常后，此时需要检查相关参数设置是否正确。

a. 登陆网络摄像机：浏览器地址栏中输入网络摄像机IP地址并登录，登陆时需输入用户名及密码。

b. 检查集成协议：点击“配置”—“网络”—“高级配置”—“集成协议”，查看是否已勾选“启用开放型网络视频接口”。此处需进行勾选。

c. 启用开放型网络视频接口：选中原管理员账户，点击“删除”按钮，删除原账户。

点击“添加”按钮，此时会自动弹出对话框，在对话框中填写相关信息。

用户名：按照实际要求填写；

密码：按照实际要求填写；

密码确认：与密码一致；

用户类型：管理员；

点击“确定”按钮。

注意：此处设置的用户名密码需与无线路由器数据采集—接口设置中网络摄像机相关参数保持一致，否则会导致摄像机图片无法正常传输。

d. 登录无线路由器：浏览器地址栏中输入KT-TR321无线路由器IP地址并登录，登录时需输入用户名及密码。

e. 检查接口设置：点击“数据采集”—“接口设置”，进入接口设置界面。

检查是否已启用摄像机，此处应为启用；

摄像机 IP 地址：按照实际要求填写；

用户名：按照实际要求填写；

密码：按照实际要求填写；

抓拍周期：推荐设置为 900(拍照间隔 900 s)；

填写区站号参数：填写当地实际站号，格式如 CS002；

其他参数保持默认；

点击“保存 & 应用”按钮进行保存。

注意：此处设置的摄像机 IP 地址，用户名，密码需与现场安防摄像机中实际设置的相关参数保持一致，见图 7.44。

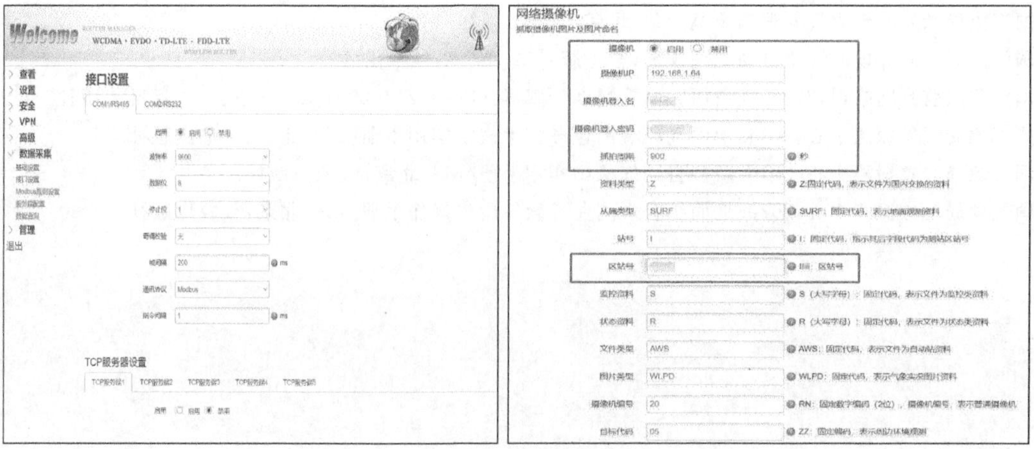

图 7.44　摄像机 IP 地址、用户名、密码设置图

参考文献

全国气象基本信息标准化技术委员会，2020. 地面气象观测资料质量控制 地面：QX/T 118—2020[S]. 北京：气象出版社.

全国气象仪器与观测方法标准化技术委员会，2014. 气象探测环境保护规范 地面气象观测站：GB/T 31221—2014[S]. 北京：中国标准出版社.

全国气象仪器与观测方法标准化技术委员会，2015. 自动气象站数据采集器现场校准方法：QX/T 291—2015[S]. 北京：气象出版社.

中国气象局，2003. 地面气象观测规范[M]. 北京：气象出版社.

中国气象局，2020. 地面气象自动观测规范（第一版）[M]. 北京：气象出版社.

中国气象局监测网络司，2005. 气象用铂电阻温度传感器：QX/T 24—2004[S]. 北京：中国标准出版社.

中国气象局气象探测中心，2016. 地面气象观测业务技术规定实用手册[M]. 北京：气象出版社.

中国气象局气象探测中心，2016. 新型自动气象站实用手册[M]. 北京：气象出版社.

中国气象局气象探测中心，2020. 地面综合观测业务软件用户操作手册[M]. 北京：气象出版社.